不确定性量化导论

王 鹏 修东滨 著

科学出版社
北京

内 容 简 介

本书共六章，向读者较为全面地介绍了不确定性量化这一交叉研究领域的基本概念、常用方法和最新研究进展。第一章是全书的绪论；第二章回顾了概率与统计基础知识；第三章描述了随机系统的构建模拟；第四章论述了 PDF/CDF 方法；第五章阐述了当下最为常用的参数不确定性量化方法——广义多项式混沌法；第六章则基于数据同化这一概念向读者介绍了最新的模型不确定性量化方法。由于后三章的内容相对独立，读者可以选择单章节阅读。

本书是不确定性量化研究的基础参考书，可用作本领域高年级本科生或者研究生的入门教材。

图书在版编目（CIP）数据

不确定性量化导论/王鹏，修东滨著. —北京：科学出版社，2019.1
ISBN 978-7-03-059472-3

Ⅰ. ①不⋯ Ⅱ. ①王⋯ ②修⋯ Ⅲ. ①不确定系统–量化–研究 Ⅳ. ①N94

中国版本图书馆 CIP 数据核字（2018）第 255453 号

责任编辑：许　健／责任校对：谭宏宇
责任印制：黄晓鸣／封面设计：殷　靓

科 学 出 版 社 出版
北京东黄城根北街 16 号
邮政编码：100717
http://www.sciencep.com

上海时友数码图文设计制作有限公司印刷
科学出版社发行　各地新华书店经销
*
2019 年 1 月第 一 版　　开本：B5（720×1000）
2024 年 4 月第十四次印刷　印张：6
字数：120 000
定价：98.00 元
（如有印装质量问题，我社负责调换）

  不确定性普遍存在于我们的世界之中。无论是基础科学研究,还是复杂工程系统设计,乃至我们的日常生活,都会受到大量不确定性因素的影响。这些不确定性可能来自于事物本身的随机性(aleatory),也可能来源于信息的缺失和误差。随着计算机仿真技术的提升和大数据时代的到来,科学计算与数据信息已经成为许多领域了解复杂系统的重要工具,其中不确定性的量化研究也成为当下最为活跃的新兴交叉课题之一。

  本书旨在对不确定性量化(uncertainty quantification,简称 UQ)这门新兴学科做简要介绍,希望读者在阅读后能对不确定性的基础概念以及当下主要的不确定性量化方法有所了解。同时,笔者也想在此强调不确定性量化研究的初衷来源于人们对不确定性系统状态的预测,所以研究目标与研究方法同样重要,需要多学科的知识。我们希望读者在阅读过程中也适当回到各自所要研究问题的原点,并通过与不同学科背景的学者交流,最终根据目标系统,选择与开发最为合适的不确定性量化方法。此外,人工智能、大数据等新兴信息技术的迅速发展,对不确定性量化的发展也起到了促进作用。

  本书可能无法涵盖当下所有的最新研究成果,笔者期待在以后的再版中补全,更希望能通过本书抛砖引玉,激发读者对不确定性研究的兴趣。

王 鹏

2018 年 5 月 30 日

前言
第一章 绪论···1
　1.1 研究背景···1
　1.2 发展状况···2
　1.3 本书结构···7
第二章 概率与统计基础知识··8
　2.1 单元随机变量···8
　　2.1.1 概率··9
　　2.1.2 分布··9
　　2.1.3 随机变量的统计矩···12
　2.2 多元随机变量···14
　　2.2.1 相关性与独立性··14
　　2.2.2 条件概率··16
　2.3 随机过程··16
　2.4 随机过程的极限··18
第三章 随机系统的构建模拟··21
　3.1 随机输入的构建···21
　　3.1.1 输入随机参数··21
　　3.1.2 输入随机过程··23
　　3.1.3 随机序列生成··25
　3.2 随机系统的构建···26

第四章　PDF/CDF 方法 ······································· 29
  4.1 简介 ·· 29
  4.2 PDF 方法 ·· 31
  4.3 CDF 方法 ·· 40

第五章　广义多项式混沌法 ··································· 45
  5.1 正交多项式与逼近论 ······································ 46
     5.1.1 正交多项式的基础知识 ······························ 46
     5.1.2 正交多项式的逼近 ····································· 50
     5.1.3 正交多项式的插值逼近 ······························ 53
     5.1.4 正交多项式的零点与积分 ··························· 54
  5.2 广义多项式混沌 ··· 56
     5.2.1 一元随机变量的广义多项式混沌 ················ 56
     5.2.2 多元随机变量的广义多项式混沌 ················ 59
     5.2.3 gPC 的统计特征 ··· 61
  5.3 gPC 方法的数值实现 ······································ 62
     5.3.1 随机伽辽金法 ·· 62
     5.3.2 随机配点法 ·· 65
     5.3.3 随机伽辽金法与随机配点法的比较 ············ 68

第六章　数据同化 ··· 70
  6.1 基础理论 ·· 70
  6.2 多模型数据同化 ··· 72
     6.2.1 多模型卡尔曼滤波 ···································· 72
     6.2.2 多模型扩展卡尔曼滤波 ····························· 74
     6.2.3 多模型集合卡尔曼滤波 ····························· 77
     6.2.4 多模型粒子滤波 ·· 79

参考文献 ··· 81

绪　论

不确定性普遍存在于我们的现实世界之中，它的量化研究对于基础科学原理的探索、工程产业升级乃至人类社会的稳定发展都具有重大意义。本章旨在向读者简要介绍不确定性量化 (uncertainty quantification, UQ) 这门新兴交叉学科。

1.1　研究背景

不确定性广泛存在于自然世界、工程系统与我们的社会生活之中。在微观物理世界，电子等微小粒子会受到环境中电场、磁场等各类噪声的扰动，呈现出多元反应，科学家通过对这些随机扰动进行量化分析，可以预测粒子的微观变化，进而探究与控制大量粒子的宏观物理特性。在现代电网控制管理中，风、光等可再生能源在时空尺度上往往呈现出强烈的波动性，严重影响了整个系统的稳定性，电力工程师们通过对此类不确定性的量化与精准的预测，可以协助电网系统的供需平衡，实现电网的智能化。在现代社会生活之中，互联网的普及与大数据时代给人们带来了前所未有的海量信息，如何过滤、减少其中的虚假信息 (噪声)，探知社会现象背后的规律，避免谣言的传播，也是人类社会生活共同面临的核心问题。

人类对不确定性的认知经历了漫长的过程。在距今约 2500 年前的春秋时期，伟大的东方思想家老子在《道德经》中提出"知不知，尚矣；不知知，病也"，在认知层面上强调了不确定性的重要性。无独有偶，西方哲学史中最重要的哲学家之一大卫·休谟 (David Hume) 也强调"对不确定性的认知是人类知识的起点"。伴随着现代科学的发展，20 世纪著名科学家诺伯特·维纳 (Norbert Wiener)、范坎彭 (N.

G. van Kampen) 也先后在科学层面上指出大部分系统充满了不确定性 [1, 2]。

1.2 发展状况

近年来伴随着计算机性能的飞速提升，科学计算已经成为许多领域了解复杂系统的主要工具，国际学术界与工程界涌现出"不确定性量化"这一新兴交叉研究领域。它以数学与统计方法为基础，涵盖概率、微分方程、逼近论、图论与网络理论、遍历理论、测度论、随机过程、时间序列、贝叶斯分析、重要性抽样、非参数技术、多元分析等多个研究方向，运用计算机实现数学算法，对现实复杂系统进行模拟、预测。因此，不确定性量化研究不仅需要数学与统计方法的创新，也需要计算机技术的进步，更需要具体应用研究领域专业知识的发展。美国国家研究委员会在 2013 年出版的《2025 年的数学科学》中也强调了"不确定性量化是一门交叉性极强的综合性学科"[3]。

通过近年来的发展，不确定性量化已成为国际学术界最为活跃的前沿交叉学科之一。鉴于传统的单一学科会议与期刊已无法满足其学术交流，美国 Begell 出版集团、美国工业与应用数学学会 (Soceity of Industrial and Applied Mathematics, SIAM) 和美国统计学会 (American Statistical Association, ASA) 先后于 2011 年、2014 年创办了针对不确定性量化研究的专业学术期刊：*International Journal for Uncertainty Quantification* 与 *SIAM/ASA Journal for Uncertainty Quantification*；美国工业与应用数学学会于 2012 年也开创了两年一届的"SIAM Uncetainty Quantification"专业会议，其 2018 年 4 月的第四届年会吸引了全球约 800 名专业人士参会。目前，美国能源部 (Department of Energy, DOE) 的六个国家实验室 (洛斯阿拉莫斯、桑迪亚、劳伦斯伯克利、橡树岭、阿贡、太平洋西北) 也成立了跨专业、跨部门的不确定性量化团队。

鉴于不确定性量化对国家科技实力和经济发展的重大影响，美国政府非常重视这一学科的基础研究。美国能源部、国防部先进研究项目局 (Defense Advanced Research Projects Agency, DARPA)、国家自然科学基金委员会 (National Science Foundation, NSF)、国家核安全局 (National Nuclear Safety Administrcian, NNSA) 近八年来先后投入巨资 (表 1.1)，在大气污染防治、环境保护、核材料埋存、电路设计、飞机研发、智能电网等领域开展了基础研究。

表 1.1 美国政府对不确定性量化研究的部分资助列表

资助单位	能源部	自然科学基金委员会	国家核安全局	国防部先进研究项目局
项目名称	SciDAC	SAMSI	PSAAP	EQUiP
资助金额	$10 000 000	$10 000 000	$20 000 000	$30 000 000

美国产业界也对不确定性量化的应用研究异常重视。在航空发动机这一高精尖领域，制造商为了减少研发成本，往往需要通过数值运算来模拟产品或部件的真实运作过程，进而实现其优化设计。例如劳斯莱斯 250-C20R 涡轮轴发动机，其叶片形状需要九个几何参数来进行量化。但是，昂贵且漫长的数值实验使得工程师们无法通过穷举的方式，对这些几何参数的各种组合进行性能分析。如何通过有限的样本，实现叶片性能的最优化设计，是劳斯莱斯 (Rolls-Royce) 不确定性量化团队的核心目标[4] (图 1.1)。在石油勘探过程中，人们往往对地下状况一无所知，动辄百万美元的取样成本迫使雪佛龙 (Chevron)、美孚 (Mobil) 等石油公司的研发部门必须通过有限的点信息对整个区域的地质情况进行精准的建模 (图 1.2)。

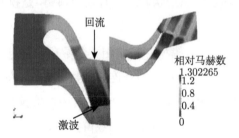

图 1.1 飞机发动机叶片设计的数值模拟[4]

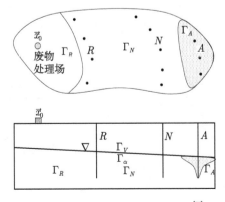

图 1.2 地质勘探中的区域建模[5]

在具体研究中，不确定性量化主要考虑系统参数、模型与计算这三种不确定因素对系统状态的影响 (图 1.3)。

1) 参数不确定性　系统状态往往受到诸多参数的影响，而这些参数所呈现出的时空波动性 (异质性)，需要大量样本才能准确描述。鉴于取样技术、取样成本等实际操作因素所限，大多数情况下我们只有少量的参数样本数据。即使在大数据时代，随着取样技术的进步和数据成本的降低，人们得到的海量数据在测量、传输、读取过程中，依然会或多或少地受到各类随机因素的干扰，而这些干扰的叠加与放大势必会对最终系统状态造成影响。所以，我们可以减少参数 (数据) 不确定性，但是无法完全消除它。

2) 模型不确定性　数学模型是对现实规律的近似。但是，鉴于人类认知的局限性与差异性，同一规律或者物理现象往往会有不同的理解、不同的简化与不同的模型，而现实规律永远存在，它并不随人类的认知变化而改变。所以，如何选取与组合不同的数学模型，对现实系统状态进行有效的预测，是模型不确定性量化的目标。

3) 计算不确定性　在确认模型并获取相关参数后，人们可以通过数学模型的计算来模拟现实系统。由于大多数模型是连续的数学方程，在实际数值计算中，需要离散化，将微分运算转为差值运算、积分预算转为加值预算，这些离散过程势必会引入误差不确定性，进而影响系统状态的数值拟合。

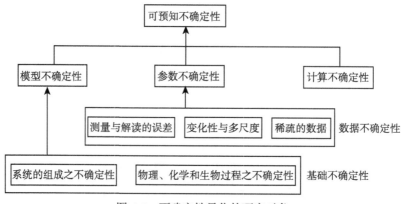

图 1.3　不确定性量化的研究对象

举例来说，在航空发动机的工业设计中，工程师们需要对气体流动、叶片转动、燃料燃烧等过程进行建模，从而对产品的实际性能进行分析。在数值模拟中，气体压力、流速、叶片材料强度与熔点、燃料密度等大量参数会引入参数不确定性，流体力学、固体力学、燃烧学等多组数学方程也有各自不同的简化 (模型不确定性) 与数值算法的近似 (计算不确定性)。这些不确定性因素相互叠加、相互放大，会严重影响设计人员对整个系统实际性能的考量。虽然当下计算机科学发展迅猛，人工智能技术也呈现爆发式增长，但是很多基础科学问题，例如描述流体运动的纳维斯·斯托克斯 (Navier Stokes) 方程，在提出百年之后，其复杂性依然很难随着计算机硬件条件的提升而得到完全解决。

当前不确定性量化的研究热点是参数不确定性。在实际研究中，科研工作者通常将不确定参数等同于随机变量或随机过程，$Z(\mathbf{x},t) \equiv Z(\mathbf{x},t;\omega)$，即参数不仅在时空 $(\mathbf{x},t)$ 变化，同时也在概率空间 ω 变化。而含有这些随机参数的原确定系统随之变为随机系统，它的解是原系统 (状态) 输出的统计信息 (概率密度函数或概率分布函数)。相对于经典随机微分方程，上述系统的随机输入不再是维纳过程、泊松过程等理想化过程，而来源于实际测量数据，呈现出一定的时空关联性[6-9]。因此，随机微积分等经典的随机分析数学方法并不直接适用于此类随机系统。

现有的参数不确定性量化方法可以分为统计型 (如蒙特卡罗) 和随机数学型 (如随机有限元、统计矩微分方程、摄动法、PDF/CDF 方法等) 两大种。

(1) 基于蒙特卡罗方法

根据系统参数的人们概率分布，产生一组相互独立的数据作为系统输入；通过数值模拟，可以得到相应的输出，进而提取这个集合的统计信息，例如系统的均值和方差。蒙特卡罗模拟 (Monte Carlo simulation，MCS) 是一种对原系统进行重复性的数值模拟，将相应的输出结果进行统计的方法。它可以考虑高维度随机变量，简单易用。但是，其收敛比较慢，需要大量的输出样本，进而提高了计算成本，同时，它无法提供系统状态的随机变化规律。基于上述原因，蒙塔卡罗方法也往往被冠以"简单粗暴"的标签。近年来此类方法的技术发展主要针对收敛速度的提升，例如拉丁超立方采样 (参见文献 [10, 11])、准蒙特卡洛采样 (参见文献 [12-14]) 等方法。遗憾的是，这些新的改进也带来了额外的限制条件，影响了它们的适用性。

(2) 扰动法

扰动法 (perturbation methods) 将随机参数在其均值附近进行有限的泰勒展开，是最受欢迎的非抽样类方法。由于方程系统的二阶项后会变得较为复杂，大多数情况的展开会截至二阶项。此类方法虽然已被广泛应用在诸多工程领域[15-17]，但是无法考虑过多的不确定参数和系统状态 (即输入和输出的总维度通常小于 10)。

(3) 算子法

算子法 (operator-based methods) 包含诺伊曼展开[18, 19]和加权积分[20, 21]，都是基于系统控制方程随机算子的方法。此类方法类似于扰动法，无法考虑过高的随机维度 (随机输入与输出数量)，且强烈依赖于控制方程的算子，故较为适用于稳态问题。

(4) 统计矩方程

统计矩方程 (moment equations) 的核心目标是计算系统状态的统计矩。通过对原系统方程进行随机平均，可以推导出系统状态各阶统计矩的确定方程。但是在推导过程中，低阶统计矩方程的求解往往需要高阶统计矩的信息，进而引入了闭包问题，必须根据具体的问题来选取特殊的近似方法来解决。

(5) PDF/CDF 方法

PDF/CDF 方法起源于统计物理[22-24]，通过引入系统状态的精细概率密度函数 (PDF) 或者精细概率分布函数 (CDF)，推导出系统状态的 PDF/CDF 方程，在流体力学中得到了广泛应用[25]。近年来随着数值算法框架的改进，人们也可以通过计算系统状态的精细概率密度函数或精细概率分布函数方程[26-30]，以统计的形式求解系统状态的分布信息。

(6) 广义多项式混沌法

广义多项式混沌法 (generalized polynomial chaos，gPC)[31] 是经典多项式混沌方法的泛化[32]，也是应用最广泛和使用最多的一种方法[33]。它的核心是将随机解表示为随机输入的正交多项式，在本质上是将随机空间以扰动的形式变现出来，具有很好的收敛速度。

综上所述，蒙特卡罗方法作为一种简单易行的方法被欧洲学者广为推崇；PDF/CDF 方法作为新兴的量化框架正在逐渐被广大科研工作者接受；广义多项式混沌法是当下美国学界最为活跃的研究课题，也是本书的重点。虽然广义混沌多项式方法的快速发展使得本书无法涵盖所有方向与应用，但是笔者希望通过对这一领域重点文献的总结，帮助读者了解行业内的热门领域，为读者在今后科研中的文献检索等工作奠定基础。

1.3 本书结构

本书面对的读者应具有线性代数、微分方程和概率的基础知识。笔者旨在通过简单介绍不确定性量化这一新兴交叉学科，帮助读者迅速掌握其理论基础。本书的组织形式适用于国内大学本科高年级或研究生一个学期的学习，章节具体结构如下：第 2 章回顾了概率与统计基础知识；第 3 章介绍随机系统的构建模拟，如随机输入信息 (参数化) 及所得到的随机输出信息；第 4 章介绍 PDF/CDF 方法；第 5 章介绍广义多项式混沌法，及其主要数值实现 —— 随机伽辽金法和随机配点法的基本理论要点；第 6 章简单介绍数据同化。

概率与统计基础知识

本章将回顾随机计算所需的概率与统计基础知识。

2.1 单元随机变量

不确定性广泛存在于世界之中，使得很多事件结果呈现出随机化。在概率上，我们用数字来表示每一个可能发生事件的结果。例如扔骰子的结果 X 可以由 $X(\omega) \in \{1,2,3,4,5,6\}$ 来表示。其中，ω 是随机事件（扔骰子）的可能结果，存在于全部可能结果空间 Ω，而随机变量 $X = X(\omega)$ 是一个定义在 Ω 空间上的真值函数。为了描述某个随机事件，我们首先需要将 Ω 空间中的子集归类 $\mathcal{F}$，也称之为 σ-域或 σ-代数。

定义2.1 一个 σ- 域的 $\mathcal{F}$ 是 Ω 子集的集合，且满足以下条件：

1) $\mathcal{F}$ 不是空集：$\emptyset \in \mathcal{F}$ 且 $\Omega \in \mathcal{F}$；
2) 如果 $A \in \mathcal{F}$，那么 $A^c \in \mathcal{F}$；
3) 如果 $A_1, A_2, \cdots, \in \mathcal{F}$，那么

$$\bigcup_{i=1}^{\infty} A_i \in \mathcal{F}, \quad \bigcap_{i=1}^{\infty} A_i \in \mathcal{F}$$

回到扔骰子的例子中，当我们考虑某特定结果（如点数为 3）时，不仅事件 $\{\omega : X(\omega) = 3\}$ 属于 $\mathcal{F}$；$\{\omega : 2 < X(\omega) < 5\}$，$\{\omega : X(\omega) \geqslant 5\}$，$\{\omega : X(\omega) \leqslant 2\}$ 以及更多的相关事件都属于 $\mathcal{F}$。

根据定义，我们可以看到最小的 σ- 域是 $\mathcal{F}_1 = \{\emptyset, \Omega\}$，最大 σ- 域（也称为 Ω 的幂集）是 $\mathcal{F}_2 = 2^{\Omega} \triangleq \{A : A \subset \Omega\}$，其中 $A \neq \emptyset, A \neq \Omega$。对于特定的子集 $\mathcal{C}$，

也存在着一个最小的 $\sigma-$域，$\sigma(\mathcal{C})$，即 $\mathcal{C}$ 的生成 $\sigma-$域。这样的话，我们可以得到 $\mathcal{F}_1 = \sigma(\{\emptyset\})$，$\mathcal{F}_2 = \sigma(\mathcal{F}_2)$。

综上所述，$\mathcal{F}$ 的基本操作如 $\bigcup$、$\bigcap$、$\mathcal{C}$ 所带来的结果不应超出 $\mathcal{F}$ 的范畴，这也是 $\sigma-$域 $\mathcal{F}$ 的直观意义。

2.1.1 概率

概率是辅助我们度量事件发生可能的重要工具。例如，在上述扔骰子事件中，如果每次投放骰子的情况相同，那么在无穷次重复试验后，我们会发现每个骰子面的可能性（概率）皆为 1/6，即

$$P(\{\omega : X(\omega) = 1\}) = \cdots = P(\{\omega : X(\omega) = 6\}) = \frac{1}{6}$$

概率论中的大数定律也告诉我们：在试验不变的条件下，特定随机事件发生的频率将随着重复试验次数的增加而接近于它的真实概率。

定义2.2(概率空间) 概率空间由样本空间 Ω、$\sigma-$域 $\mathcal{F} \subset 2^\Omega$ 和概率测度 P 共同构成，通常用 $(\Omega, \mathcal{F}, P)$ 来表示，且满足下列条件：

1) $0 \leqslant P(A) \leqslant 1, \forall A \in \mathcal{F}$；
2) $P(\Omega) = 1$；
3) 对于事件 $A_1, A_2, \cdots \in \mathcal{F}$ 且 $A_i \bigcap A_j = \emptyset, \forall i \neq j$，

$$P\left(\bigcup_{i=1}^{\infty} A_i\right) = \sum_{i=1}^{\infty} P(A_i)$$

4) 对于事件 $A, B \in \mathcal{F}$

$$P(A \cup B) = P(A) + P(B) - P(A \cap B)$$
$$P(A^c = 1 - P(A)), \quad P(\Omega) = 1, \quad P(\emptyset) = 0$$

2.1.2 分布

首先引入随机事件的概率分布函数 F_X 和概率分布 P_X 的概念。

定义2.3(分布函数) 随机事件 X 的分布函数 F_X 是以下概率的集合：

$$F_X(x) = P(X \leqslant x) = P(\{w : X(w) \leqslant x\}), x \in \mathbb{R} \qquad (2.1)$$

通过上述定义，不仅可以计算系统结果在某个区间 $(a,b]$ 上的概率：$P\{w : a < x(w) \leqslant b\} = F_X(b) - F_X(a)$；也可以得到某特定数值的概率：$P(X = x) = F_X(x) - \lim_{\epsilon \to 0} F_X(x - \epsilon)$。

对于结果空间中某些事件的集合 $B \subset \mathbb{R}$，我们可以通过计算得到其发生概率。

定义2.4 (分布) 随机事件 X 的分布 P_X 是某些事件集 $\omega : X(\omega) \in B$ 发生概率的集合

$$P_X(B) = P(X \in B) = P(\{\omega : X(\omega \in B)\})$$

其中，$\mathbb{R}$ 的合适子集也叫做博雷尔集 (Borel set)，也称为博雷尔 $\sigma-$ 域：$\sigma(\{(a,b] : -\infty < a < b < \infty\})$。

定义2.5 (离散随机变量) 当随机事件的概率分布函数出现跳跃时，

$$F_X(x) = \sum_{x_k \leqslant x} p_k, \quad x \in \mathbb{R} \tag{2.2}$$

我们将相应的随机变量称之为离散随机变量。

离散随机变量的取值是有限的 $x_1, x_2, \cdots$，其概率可以表示为：$p_k = P(X = x_k)$。下边是两种常见的离散分布，它们的概率密度分布如图 2.1 所示。

1) 离散平均分布 $\mathcal{U}(a,b)$：

$$P(X = k) = \frac{1}{b - a + 1}, \quad k \in \{a, a+1, \cdots, b-1, b\}$$

2) 泊松分布 $P(\lambda), \lambda > 0$：

$$P(X = k) = e^{-\lambda} \frac{\lambda^k}{k!}, \quad k = 0, 1, \cdots$$

定义2.6 (连续随机变量) 当随机事件的概率分布函数没有任何间断时，

$$\lim_{\epsilon \to 0} F_X(x + \epsilon) = F_X(x), \quad \forall x \tag{2.3}$$

我们将相应的随机变量称之为联系随机变量。

连续随机变量在结果空间上任意一点的概率为 0，且大多数连续分布可以用相应的概率密度 f_X 来描述：

$$F_X(x) = \int_{-\infty}^{x} f_X(y) \mathrm{d}y, \quad x \in \mathbb{R} \tag{2.4}$$

其中 f_X 满足以下性质：

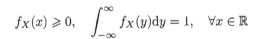

$$f_X(x) \geqslant 0, \quad \int_{-\infty}^{\infty} f_X(y)\mathrm{d}y = 1, \quad \forall x \in \mathbb{R}$$

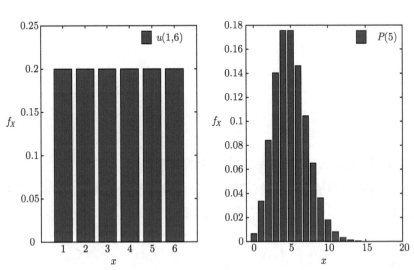

图 2.1　离散平均分布 $X \sim \mathcal{U}(1,6)$ 与泊松分布的概率密度函数 $X \sim P(5)$

下边我们介绍两种常见的连续分布，它们的概率分布函数如图 2.2 所示。

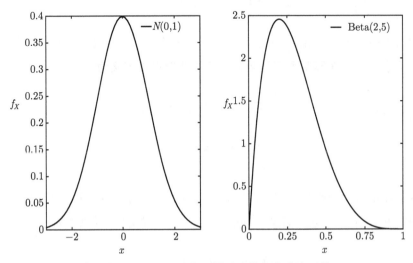

图 2.2　标注正态分布 $X \sim \mathcal{N}(0,1)$ 与贝塔分布的概率密度函数 $X \sim \text{Beta}(2,5)$

1) 正态分布 (高斯分布)$X \sim \mathcal{N}(\mu, \sigma^2)$, $\mu \in \mathbb{R}$, $\sigma^2 > 0$，是极为重要的概率分布

函数，其概率密度为

$$f_X(x) = \frac{1}{\sqrt{2\pi\sigma^2}} \exp\left[-\frac{(x-\mu)^2}{2\sigma^2}\right], \quad x \in \mathbb{R} \tag{2.5}$$

2) 贝塔分布 $X \sim \text{Beta}(\alpha,\beta)$, $\alpha > 0$, $\beta > 0$，其概率密度为

$$f_X(x) = \frac{x^{\alpha-1}(1-x)^{\beta-1}}{\int_0^1 u^{\alpha-1}(1-u)^{\beta-1}\mathrm{d}u}, \quad x \in (0,1) \tag{2.6}$$

2.1.3 随机变量的统计矩

统计矩是描述随机变量 X 统计特征的重要信息。

定义2.7 (连续随机变量的统计矩) 对于概率密度函数为 f_X 的连续随机变量 X，它的第 m 阶统计矩 $(m \in \mathbb{N})$ 可以定义为

$$E(X^m) = \int_{-\infty}^{\infty} x^m f_X(x)\mathrm{d}x$$

其中，$E(\cdot)$ 为数学期望运算符。对于一个真值函数 $g(\cdot)$，其数学期望为

$$E[g(X)] = \int_{-\infty}^{\infty} g(x)f_X(x)\mathrm{d}x$$

定义2.8 (离散随机变量的统计矩) 对于概率为 $p_k = P(X = x_k)$ 的离散随机变量 X，它的统计矩和某个真值函数的数学期望可以定义为

$$E[X^m] = \sum_{k=1}^{\infty} x_k^m p_k$$

$$E[g(X)] = \sum_{k=1}^{\infty} g(x_k) p_k$$

人们通常关心随机变量的一阶统计矩 (均值) 和二阶中心统计矩 (方差)，对于连续随机变量 X 的一阶统计矩 (均值) 和二阶中心统计矩 (方差) 为

$$\mu_X = E[X] = \int_{-\infty}^{\infty} x f_X(x)\mathrm{d}x$$

$$\sigma_X^2 = \text{var}(X) = \int_{-\infty}^{\infty} (x-\mu_X)^2 f_X(x)\mathrm{d}x$$

同样，对于离散随机变量 X，它的一阶统计矩 (均值) 和二阶中心统计矩 (方差) 为

$$\mu_X = E[X] = \sum_{k=1}^{\infty} x_k p_k$$

$$\sigma_X^2 = \text{var}(X) = \sum_{k=1}^{\infty} (x_k - \mu_X)^2 p_k$$

中心统计矩描述的是随机事件结果对均值 (中心) 偏差的 m 次幂的平均值：$E[(X - \mu_x)^m]$。因此，二阶中心统计矩 (方差) 即是随机变量平方的均值与均值的平方之差：$E[X^2] - \mu_X^2$。

定义2.9 (矩母生成函数) 在 $b > 0$ 且 $|t| \leqslant b$ 的情况下，随机变量 $X(\omega)$ 的矩母生成函数存在，且可以表示为 $m_X(t) \triangleq E[e^{tX}]$。

不难发现，对于随机变量 X 的 k 阶统计矩，$\mu_k = E[X^k]$

$$\begin{aligned} m_X(t) = E[e^{tX}] &= \int e^{tx} p_X(x) \mathrm{d}x = \int \sum_{k=0}^{\infty} \frac{tx^k}{k!} p_X(x) \mathrm{d}x \\ &= \sum_{k=0}^{\infty} \frac{t^k}{k!} \sum x^k p_X(x) \mathrm{d}x = \sum_{k=0}^{\infty} \frac{t^k \mu_k}{k!} \end{aligned} \quad (2.7)$$

上述关系也可以写为 $\mu_k = \dfrac{\mathrm{d}^k}{\mathrm{d}t^k} m_X(t) |_{t=0},\ k = 0, 1, \cdots$。

部分常见随机变量的统计矩与矩母生成函数如表 2.1 所示。

表 2.1 部分常见随机变量的统计矩与矩母生成函数

分布种类	均值	方差	矩母生成函数
贝塔分布 Beta(α, β)	$\alpha/(\alpha+\beta)$	$\alpha\beta/(\alpha+\beta)^2(\alpha+\beta+1)$	$1 + \sum_{k=1}^{\infty}\left(\Pi_{r=0}^{k-1}\dfrac{\alpha+r}{\alpha+\beta+r}\right)\dfrac{t^k}{k!}$
伽马分布 $\Gamma(\alpha, \beta)$	α/β	α/β^2	$(1 - t/\beta)^{-\alpha},\ t < \beta$
高斯分布 $\mathcal{N}(\mu, \sigma^2)$	μ	σ^2	$e^{\mu t + \sigma^2 t^2/2}$
卡方分布 $\chi^2(k)$	k	$2k$	$(1 - 2t)^{-k/2},\ t < 1/2$
韦伯分布 (λ, k)	$\lambda\Gamma\left(1 + \dfrac{1}{k}\right)$	$\lambda^2\left[\Gamma(1+2/k) - (\Gamma(1+1/k))^2\right]$	$\sum_{n=0}^{\infty}\dfrac{t^n \lambda^n}{n!}\Gamma(1+n/k),\ k \geqslant 1$
平均分布 $\mathcal{U}(a, b)$	$(a+b)/2$	$(b-a)^2/12$	$\begin{cases}\dfrac{e^{tb} - e^{ta}}{t(b-a)}, & t \neq 0 \\ 1, & t = 0\end{cases}$

2.2 多元随机变量

多元随机变量 (随机向量) 是有限个单元随机变量的集合: $\boldsymbol{X} = (X_1, \cdots, X_n)$。

定义2.10(多元概率分布函数) 一组随机事件 $\boldsymbol{X}$ 的分布函数 F_X 是以下概率的集合:

$$F_{\boldsymbol{X}}(\boldsymbol{x}) = P(X_1 \leqslant x_1, \cdots, X_n \leqslant x_n), \quad \boldsymbol{x} = (x_1, \cdots, x_n) \in \mathbb{R}^n \tag{2.8}$$

类似于单元随机变量的概率密度,随机向量 X 的概率密度 f_X 也符合如下条件:

1) $f_{\boldsymbol{X}}(x) \geqslant 0, \quad \forall \boldsymbol{x} \in \mathbb{R}^n$;

2) $\int_{-\infty}^{\infty} \cdots \int_{-\infty}^{\infty} f_{\boldsymbol{X}}(y_1, \cdots, y_n) \mathrm{d}y_1 \cdots \mathrm{d}y_n = 1$。

它的概率分布 $F_{\boldsymbol{X}}$ 定义为

$$F_{\boldsymbol{X}}(x_1, \cdots, x_n) = \int_{-\infty}^{x_1} \cdots \int_{-\infty}^{x_n} f_{\boldsymbol{X}}(y_1, \cdots, y_n) \mathrm{d}y_1 \cdots \mathrm{d}y_n$$

随机向量中的某一单元随机变量 (X_i) 或任意多元随机变量组合 (X_i, X_j) 也有概率密度,我们称之为边际概率密度:

$$f_{X_i}(x_i) = \int_{-\infty}^{\infty} \cdots \int_{-\infty}^{\infty} f_{\boldsymbol{X}}(y_1, \cdots, y_n) \mathrm{d}y_1 \cdots \mathrm{d}y_{i-1} \mathrm{d}y_{i+1} \cdots \mathrm{d}y_n$$

随机向量 $\boldsymbol{X}$ 的均值和协方差矩阵可以定义为

$$\mu_{\boldsymbol{X}} = E[\boldsymbol{X}] = (E[X_1], \cdots, E[X_1]), \quad C_X = (\mathrm{cov}(X_i, X_j))_{i,j=1}^n \tag{2.9}$$

其中 $\mathrm{cov}(X_i, X_j)$ 称为两个随机变量 X_i 与 X_j 的协方差:

$$\mathrm{cov}(X_i, X_j) = E[(X_i - \mu_{X_i})(X_j - \mu_{X_j})] = E(X_i X_j) - \mu_{X_i} \mu_{X_j} \tag{2.10}$$

而同个随机变量的协方差就是它的方差: $\mathrm{cov}(X_i, X_j) = \sigma_{X_i}^2$。

2.2.1 相关性与独立性

定义2.11 (相关系数) 两个随机变量 X_i 与 X_j 的相关系数也称为标准协方差:

$$\rho(X_1, X_2) = \frac{\mathrm{cov}(X_1, X_2)}{\sigma_{X_1} \sigma_{X_2}} \tag{2.11}$$

相关系数满足柯西–施瓦茨 (Cauchy-Schwarz) 不等式：

$$-1 \leqslant \rho(X_1, X_2) \leqslant 1 \tag{2.12}$$

同时，

1) 随机变量毫不相关，$\rho(X_1, X_2) = 0$；
2) 随机变量存在正向线性关系，$\rho(X_1, X_2) \approx 1$；
3) 随机变量存在负向线性关系，$\rho(X_1, X_2) \approx -1$。

定义2.12 (相互独立) 对于 $\mathbb{R}$ 中所有合适的子集 B_1 和 B_2，如果以下条件成立，随机变量 X_1 和 X_2 相互独立：

$$P(X_1 \in B_1, X_2 \in B_2) = P(X_1 \in B_1) P(X_2 \in B_2)$$

这也意味着事件 $\{X_1 \in B_1\}$ 和事件 $\{X_2 \in B_2\}$ 是相互独立的。

如果随机向量 $\boldsymbol{X} = \{X_1, \cdots, X_n\}$ 的概率分布函数 $F_{\boldsymbol{X}}$ 符合以下条件，它的各个随机变量即是相互独立的：

$$F_{\boldsymbol{X}}(x_1, \cdots, x_n) = F_{X_1}(x_1) \cdots F_{X_1}(x_1), \quad (x_1, \cdots, x_n) \in \mathbf{R}^n$$

同理，如果该随机向量的概率密度函数 $f_{\boldsymbol{X}}$ 符合以下条件时，它的随机变量 $X_1, \cdots, X_n$ 也是相互独立的：

$$f_{X_1, \cdots, X_n}(x_1, \cdots, x_n) = f_{X_1}(x_1) \cdots f_{X_1}(x_1), \quad (x_1, \cdots, x_n) \in \mathbf{R}^n \tag{2.13}$$

对于任意真值函数 $g_1, \cdots, g_n$，相互独立的随机变量 $X_1, \cdots, X_n$ 的数学期望是：

$$E[g_1(X_1) \cdots g_1(X_n)] = E[g_1(X_1)] \cdots E[g_1(X_n)]$$

任意两个随机变量的协方差是零，其相关系数也是零。

这个结果也表明相互独立的随机变量是不相关的。这里需要强调的是，不相关性不等同于独立性。两个随机变量如果相互独立，其必然不相关，相关系数为零；但是它们的相关系数为零时，并不代表两者相互独立，可能存在非线形关联。因此，"独立性"要强于"不相关性"。

同时，对于高斯随机变量来说，其线性变换后的随机变量能依旧保持高斯分布。感兴趣的读者可以通过高斯向量的协方差矩阵，证明其随机变量的相互独立性等同于不相关性。

2.2.2 条件概率

定义2.13(条件概率) 在发生事件 B 的条件下,事件 A 的发生概率可以定义为

$$P(A|B) = \frac{P(A \cap B)}{P(B)}$$

同理,在事件 B 已发生的条件下,随机变量 X 的条件概率分布函数为

$$F_X(x|B) = \frac{P(X \leqslant x, B)}{P(B)}, \quad x \in \mathbb{R}$$

其条件期望为

$$E[X|B] = \frac{1}{P(B)} \int_B x f_X(x) \mathrm{d}x \tag{2.14}$$

2.3 随机过程

在实际系统中,参数的随机性在物理时空呈现出连续型或离散型的变化,也就是说这些随机性是时间或者空间变量的函数。数学上将这类随机函数称之为随机过程。

定义2.14(随机过程) 一个随机过程是一组随机变量在空间 Ω 上的集合

$$(X_t, t \in T) = (X_t(\omega), t \in T, \omega \in \Omega)$$

其中 t 是随机变量 X 的标号。如果标号的集合 $t \in T$ 是区间,例如 $T = [a, b]$, $[a, b)$ 或 $[a, \infty)$, $a < b$,那么随机过程 X 是连续的;如果标号的集合 T 是一个有限集或可数的无限集时,随机过程 X 则是离散的。我们需要强调的是,虽然 t 被赋予时间的标识,但在此仅是随机过程的标号,并不代表随机过程是时间的函数。同样,它也可以表示空间的信息。

随机过程 X 通常被看作为含 t 与 ω 两个变量的函数,包括下列情况:

1) 对于变化的 t 与 ω,$X_t(\omega)$ 是一组时空间的函数,即随机过程;
2) 对于特定的 t 和变化的 ω,$X_t(\omega)$ 是一个随机变量:

$$X_t = X_t(\omega), \quad \omega \in \Omega$$

3) 对于变化的 t 和特定的 ω,$X_y(\omega)$ 是指标 (如时间) 的函数,也被称为样本函数、一次实现或者样本路径:

$$X_t = X_t(\omega), \quad t \in T$$

4) 对于特定的 t 与 ω,$X_t(\omega)$ 是一个标量或向量。

随机过程常常被看作一组有限维随机变量的集合,因此可以定义其相应的统计特征。

定义2.15 (随机过程的概率分布) 对于含有 n 维随机变量的随机过程,它的概率分布函数为

$$F_{X_t}(x_1, x_2, \cdots, x_n; t_1, t_2, \cdots, t_n) = P\left[X_{t_1} \leqslant x_1, X_{t_2} \leqslant x_2, \cdots, X_{t_n} \leqslant x_n\right]$$

相应的 n 维概率密度函数是

$$f_{X_t}(x_1, x_2, \cdots, x_n; t_1, t_2, \cdots, t_n) = \frac{\partial^n F_{X_t}(x_1, x_2, \cdots, x_n; t_1, t_2, \cdots, t_n)}{\partial x_1 \partial x_2 \cdots \partial x_n}$$

随机过程 X 的均值函数为

$$\mu_X(t) = \mu_{X_t} = E[X_t], \quad t \in T$$

X 的方差:

$$\sigma_X^2(t) = \mathcal{C}_X(t,t) = \text{var}(X_t), \quad t \in T$$

X 的协方差函数:

$$\mathcal{C}_X(t,s) = \text{cov}(X_t, X_s) = E\left[(X_t - \mu_X(t))(X_s - \mu_X(s))\right], \quad t, s \in T$$

X 的相关函数:

$$\rho_X(X_t, X_s) = \frac{\text{cov}(X_t, X_s)}{\sigma_{X_t} \sigma_{X_s}}, \quad t, s \in T$$

均值函数 $\mu_X(t)$ 是随机过程所有样本函数在标号 t 的函数值平均,也称为集平均或统计平均。方差函数描述诸样本偏离均值函数的分散程度,相关函数反映了随机过程在任意两个不同标号取值之间的相关性,而协方差函数是随机过程 X 的依从关系测度。

随机过程可以分为平稳随机过程（平稳过程）和非平稳随机过程。当随机过程的统计特性与它们的标号平移没有显著的依从关系时，可以视为平稳过程，这也是应用非常广泛的随机过程。其中，平稳随机过程又分为严格平稳（狭义平稳）和弱平稳（广义平稳）两类。

定义2.16 (严格平稳随机过程) 如果随机过程的任意有限维分布函数不随指标 t 的平移而改变，则称为严格平稳（狭义平稳）随机过程：

$$F_X(X_{t_1}, \cdots, X_{t_n}) = F_X(X_{t_1+h}, \cdots, X_{t_n+h}),$$
$$t_1, \cdots, t_n \in T,\ n \geqslant 1,\ t_1+h, \cdots, t_n+h \in T$$

对于严格平稳过程，其均值和方差都是常数，相关函数与协方差函数也都是单变量 $h=|t-s|$ 的函数，即为两个指标之间距离的函数。

定义2.17 (广义平稳随机过程) 如果随机过程的均值为常数，二阶统计矩有限，且协方差函数仅依赖于两指标间的距离 $h=|t-s|$，则称为广义平稳（弱平稳）随机过程。

自然界很多随机过程都是平稳过程，如稳态电路中产生的热噪声。平稳过程的研究也提供了非常有效的数学工具。在实际操作中，可以对随机过程预设（严格或广义）的平稳条件，以此构建诸如齐次泊松过程或布朗运动等大量实用随机过程。对于高斯随机过程，由于其均值和协方差函数可以完全表征随机过程的分布规律，因此上述两种平稳概念是等价的。

2.4 随机过程的极限

随机过程依赖于参数（如时间 t）变化的一组随机变量。我们可以通过随机变量序列的极限定义推广到随机过程的极限。

定义2.18 (依概率收敛) 当随机过程 $\{X_n\}$ 符合以下条件时，则称该随机过程依概率收敛于随机变量 X，记作 $X_n \xrightarrow{P} X$，

$$\lim_{n \to \infty} P(|X_n - X| > \epsilon) \to 0, \quad \epsilon > 0$$

定义2.19 (几乎必然收敛) 当随机过程 $\{X_n\}$ 符合以下条件时，则称该随机过

程几乎必然收敛 (a,s) 或依概率为 1 地收敛于随机变量 X，记作 $X_n \overset{a.s.}{\to} X$，

$$\lim_{n\to\infty} P(X_n \to X) = P(\{\omega : X_n(\omega) \to X(\omega)\}) = 1$$

可以看到，几乎必然收敛即意味着依概率收敛，但是依概率收敛并不意味着几乎必然收敛。

定义2.20 (L^p 收敛) 当随机过程 $\{X_n\}$ 符合以下条件时，则称该随机序列依 L^p 收敛或在第 p 阶均值上收敛到随机变量 X，记作 $X_n \overset{L^p}{\to} X$：

$$\lim_{n\to\infty} E[|X_n - X|^p] \to 0, \quad p > 0, \, E[|X_n^p + |X|^p|] < \infty$$

通过马尔科夫不等式，我们发现 L^p 收敛意味着依概率收敛，但逆命题一般情况下不成立。

$$\lim_{n\to\infty} P(|X_n - X| > \epsilon) \leqslant \epsilon^{-p} E[|X_n - X|^p], \quad p, \epsilon \geqslant 0$$

定义2.21 (依均方收敛) 当随机过程 $\{X_n\}$ 符合 L^2 收敛时，则称该随机过程依均方收敛于随机变量 X，也称为希尔伯特空间收敛：

$$L^2 = L^2(\Omega, \mathcal{F}, P) = \{X : E[X^2] < \infty\}$$

它的内积 $\langle X, Y \rangle = E[XY]$，范数 $\|X\| = \sqrt{<X,Y>}$。

综上所述，依概率收敛通常被称为是弱收敛条件，几乎必然收敛和 L^p 收敛被称为强收敛条件。

定理2.1 (强大数定律) 假设 $X_1, X_2, \cdots, X_n$ 是相互独立且服从同一分布的随机变量，它们拥有共同的均值 $E[X_i] = \mu$，则下列条件成立：

$$\lim_{n\to\infty} P\left[\frac{\sum_{i=1}^{n} X_i}{n} = \mu\right] = 1$$

定理2.2 (中心极限定理) 假设 $X_1, X_2, \cdots, X_n$ 是相互独立且服从同一分布的随机变量 $(i.i.d.)$，它们拥有数学期望 $E[X_i] = \mu$ 和有限的方差 $\mathrm{var}(X_i) = \sigma^2 < \infty$。

$$\lim_{n\to\infty} P\left[\frac{\sum_{i=1}^{n} X_i - n\mu}{\sigma\sqrt{n}} \leqslant a\right] = \int_{\infty}^{a} \frac{1}{\sqrt{2\pi}} e^{-x^2/2} dx$$

强大数定律说明当 $n \to \infty$ 时，$\sum_{i=1}^{n} X_i/n$ 几乎必然收敛到 μ；中心极限定理说明当 $n \to \infty$ 时，$\sum_{i=1}^{n} X_i/n$ 收敛于高斯随机分布 $\mathcal{N}(\mu, \sigma^2/n)$。

中心极限定理是概率论中最重要的一类定理，有广泛的实际应用背景。自然界与生产活动中，一些现象受到许多相互独立的随机因素的影响，如果每个因素所产生的影响都很微小时，总的影响可以看作服从正态分布。中心极限定理从数学角度证明了这一现象。这种定理在数理统计被广泛应用，是处理大样本数据的重要工具。

第三章 随机系统的构建模拟

本章将全面地介绍随机系统的构建模拟，即如何通过现有的确定系统模型来建立随机模型，进而研究输入量中的不确定因素如何影响系统的输出。

3.1 随机输入的构建

我们首先需要准确地构建系统的随机输入，也就是：① 将无限维的概率空间简化成一个更容易计算的有限维空间；② 确保随机变量的相互独立性。第一点可以通过采用有限个随机变量来参数化概率空间实现；第二点是现有算法对随机变量独立性的假设。虽然在理论上相互独立的要求不是必须的，但是从实用角度出发，本书所涉及的随机变量均假设为相互独立。

3.1.1 输入随机参数

当系统随机输入量为系统参数 $Y = (Y_1, \cdots, Y_n), n > 1$ 时，且具备概率分布函数 $F_Y(y) = P(Y \leqslant y), y \subset \mathbb{R}^n$。目标是找出其中一组相互独立的随机变量：$Z = (Z_1, \cdots, Z_d) \in \mathbb{R}^d, 1 \leqslant d \leqslant n$，以使得某一转换函数 T 符合 $Y = T(Z)$ 的条件。

举例来说，考虑一个带有随机参数 α 和 β 的常微分方程：

$$\frac{\mathrm{d}u}{\mathrm{d}t}(t,\omega) = -\alpha(\omega)u, \quad u(0,\omega) = \beta(\omega) \tag{3.1}$$

因此，该系统中的随机输入变量即 $Y(\omega) = (\alpha, \beta) \in \mathbb{R}^2$。

如果 α 和 β 相互独立，那么让 $Z(\omega) = Y(\omega)$，这样方程解 $u(t,\omega) : [0,T] \times \Omega \to \mathbb{R}$ 可以表示为一维时间和二维随机空间：$u(t,Z) : [0,T] \times \mathbb{R}^2 \to \mathbb{R}$。

如果 α 和 β 相互依存，那么存在一个函数 $f(\cdot)$，使得 $\beta = f(\alpha)$，即 $Z(\omega) = \alpha(\omega)$ 和 $\beta(\omega) = g(Z(\omega))$。

综上所述，可以采用一个单独的随机变量 Z 来表示例子中的两个随机输入 α 和 β，使得系统解拥有一维随机空间 $u(t,Z) : [0,T] \times \mathbb{R} \to \mathbb{R}$。

当系统含有众多随机参数，而仅知道这些随机参数的联合概率分布时，寻找所有参数之间相互关系的表达式将是一项艰巨的任务。在实际操作中，通常采用已知的参数联合概率分布将这些随机输入转化为一系列相互独立的随机参数。

推论3.1 (高斯随机输入的参数化) 令 $Y = (Y_1, \cdots, Y_n)$ 为一个具有高斯分布 $N(0, \boldsymbol{C})$ 的随机向量，其中 $\boldsymbol{C} \in \mathbb{R}^{n \times n}$ 是协方差矩阵，数学期望为 0。令 $\boldsymbol{Z} \sim N(0, \boldsymbol{I})$ 是一个 n 维且各变量互不相关的高斯向量，其中 $\boldsymbol{I}$ 是 $n \times n$ 单位矩阵。令 $\boldsymbol{A}$ 是一个 $n \times n$ 的矩阵，由高斯线性定理可知 $\boldsymbol{AZ} \sim N(0, \boldsymbol{AA}^{\mathrm{T}})$。因此，如果找到一个矩阵 $\boldsymbol{A}$ 使得 $\boldsymbol{AA}^{\mathrm{T}} = \boldsymbol{C}$，那么 $Y = \boldsymbol{AZ}$ 就服从于分布 $N(0, \boldsymbol{C})$ [34]。

由于 $\boldsymbol{C}$ 是实对称矩阵，我们可以通过 Cholesky 分解法来求解 $\boldsymbol{AA}^{\mathrm{T}} = \boldsymbol{C}$。这类 $\boldsymbol{A}$ 是下三角形式矩阵，它的各项 $a_{ij}, 1 \leqslant i,j \leqslant n$ 可以表示为

$$\begin{aligned}
a_{i1} &= c_{i1}/\sqrt{c_{11}}, & 1 \leqslant i \leqslant n \\
a_{ii} &= \sqrt{c_{ii} - \sum_{k=1}^{i-1} a_{ik}^2}, & 1 < i \leqslant n \\
a_{ij} &= \begin{cases} \left(c_{ij} - \sum_{k=1}^{j-1} a_{ik}a_{jk}\right)/a_{jj}, & 1 < j < i \leqslant n \\ 0, & i < j \leqslant n \end{cases}
\end{aligned} \quad (3.2)$$

由于高斯分布的均值和协方差可以完全描述该分布的统计特征，所以高斯随机输入的参数化过程简单直接。当系统随机输入不服从高斯分布时，可以使用 Rosenblatt 转换 [35] 来实现其参数化。

推论3.2 (非高斯参数的参数化) 令 $Y = (Y_1, \cdots, Y_n)$ 为一个非高斯分布的随机向量，其分布函数为 $F_Y(y) = P(Y \leqslant y)$。令 $z = (z_1, \cdots, z_n) = T_y = T(y_1, \cdots, y_n)$ 为转换函数，其定义如下：

$$z_1 = P(Y_1 \leqslant y_1) = F_1(y_1)$$
$$z_2 = P(Y_2 \leqslant y_2 | Y_1 = y_1) = F_2(y_2|y_1) \tag{3.3}$$
$$\cdots$$
$$z_n = P(Y_n \leqslant y_n | Y_{n-1} = y_{n-1}, \cdots, Y_1 = y_1) = F_n(y_n|y_{n-1}, \cdots, y_1)$$

这样可以推导出一组在 $[0,1]^n$ 区间上相互独立且具有均匀分布的随机变量：$\boldsymbol{Z} = (Z_1, \cdots, Z_n)$：

$$\begin{aligned} P(Z_i \leqslant z_i) &= \int_{\{\boldsymbol{Z}|Z_i \leqslant z_i\}} \cdots \int \mathrm{d}_{y_n} F_n(y_n|y_{n-1}, \cdots, y_1) \cdots \mathrm{d}_{y_1} F_1(y_1) \\ &= \int_0^{z_n} \cdots \int_0^{z_1} \mathrm{d}z_1 \cdots \mathrm{d}z_n \\ &= \prod_{i=1}^n z_i, \quad 0 \leqslant z_i \leqslant 1, i = 1, \cdots, n \end{aligned}$$

尽管 Rosenblatt 转换在数学原理上简单有效，但由于它依赖于随机参数的条件概率分布，在实际应用中较难获得此类信息的显式表达，因此很难执行，仍然是个有待研究的问题。

3.1.2 输入随机过程

由于大多系统参数随时空间变化，因此很多时候我们需要将随机过程参数化。令 $(Y_t, t \in T)$ 为模拟随机输入量的一个随机过程，其中指标 t 属于集合 T；目标是寻找一个合适的转换函数 R，使得 $Y_t = R(\boldsymbol{Z})$，其中 $\boldsymbol{Z} = (Z_1, \cdots, Z_d), d \geqslant 1$ 是相互独立的随机矢量。

由于指标集合 T 通常是无限维的，而在实际操作中，d 为有限整数，所以上述转换是近似的，即依 L^p 泛数收敛：$Y_t \approx R(\boldsymbol{Z})$，其精度要求 p 也根据具体问题而定。

另一个直接的方法是将指标域离散成有限指标的集合，即考虑 Y_t 的有限维形式：$(Y_{t_1}, \cdots, Y_{t_n})$，$t_1, \cdots, t_n \in T$。当离散越精细时，上述有限维随机向量对无限维随机过程的近似值就越准确，但也相应地增加了维数 n 与计算负担。因此，我们通常在保持适当精度的基础上，使用不同方法尽量降低维数。

定义3.1(Karhunen-Loeve 展开式) 令 $\mu_Y(t)$ 为输入随机过程的均值，$\boldsymbol{C}(t,s)$

$= \mathrm{cov}(Y_t, Y_s)$ 为其协方差函数，则 Y_t 的 Karhunen-Loeve (KL) 展开式为

$$Y_t(\omega) = \mu_Y(t) + \sum_{i=1}^{\infty} \sqrt{\lambda_i} \psi_i(t) Y_i(\omega) \tag{3.4}$$

其中，ψ_i 为正交特征函数，λ_i 为如下特征值问题的特征值。

$$\lambda_i \psi_i(t) = \int_T C(t,s) \psi_i(s) \mathrm{d}s, \quad t \in T \tag{3.5}$$

而 $\{Y_i(\omega)\}$ 是一组满足：$E[Y_i] = 0$，$E[Y_i Y_j] = \delta_{ij}$，且互不相关的随机变量：

$$Y_i(\omega) = \frac{1}{\sqrt{\lambda_i}} \int_T (Y_t(\omega) - \mu_Y(t)) \psi_i(t) \mathrm{d}t, \quad \forall i \tag{3.6}$$

Karhunen-Loeve 展开式 [36] 是随机过程建模中最常用的降维方法之一。在实际操作中，我们通常会对 KL 展开式 (3.4) 做截断，使之成为一个含有限项的展开式：

$$Y_t(\omega) \approx \mu_Y(t) + \sum_{i=1}^{d} \sqrt{\lambda_i} \psi_i(t) Y_i(\omega), \quad d \geqslant 1 \tag{3.7}$$

这里，d 的选取直接关系到 KL 展开式的近似精度，与 KL 展开式下述特性密切相关。

所述特性是指，对于给定的协方差函数，特征值的衰减速度反向依赖于关联长度的大小（特征值的衰减速度变化）。

举例来说，如果协方差函数是狄拉克 δ 函数 (Dirac delta)，即 $C(t,s) = \delta(t-s)$ 时关联长度达到了最小极限零，即整个随机过程互不相关。从特征值表达式 (3.5) 中容易看出，此时任何正交函数都可能是特征函数，且特征值为常数，即 $\lambda_i = 1, \forall i$，因此特征值是不会减小的。

同理，当 $C(t,s) = 1$，即关联长度无穷大时，整个随机过程 Y_t 是完全相关的。我们可以通过一个随机变量得到其他任意随机变量。从特征值表达式 (3.5) 中容易看出，此时存在一个非零特征值与恒定特征函数相对应，而其他特征值全为 0。

综上所述，特征值的衰减速度特性对无限序列的 KL 展开式 (3.4) 降为有限 KL 序列 (3.7) 工作提供了指导。通常来说，可以通过测试 λ_i 的衰减程度，决定 d 的取值，以保证前 d 个特征值远大于其他特征值。对于给定的截断标准 d，相较于关联度较弱的随机过程，可以使用含更少项的 KL 展开式来精确近似关联度较强

的随机过程。这里，本书也想强调 KL 有限展开式的均方误差是最优的。感兴趣的读者可以阅读参考文献 [37] 以了解更多关于 KL 展开式的特性。

定义3.2 (高斯随机过程的 Karhunen-Loeve 展开) 如果 $Y_t(\omega)$ 是一个高斯过程，则其 KL 展开式 (3.4) 和 KL 序列 (3.7) 中的随机变量 Y_i 是相互独立的高斯随机变量。这里我们运用了高斯变量的线性组合特性及其"不相关"与"独立性"的等价性，使得 KL 序列 (3.7) 可以采用有限个相互独立的高斯随机变量来参数化高斯随机过程。

但是当输入随机过程是非高斯随机过程时，其 KL 的无限序列展开式 (3.4) 中不相关的随机变量 Y_i 并不相互独立，即无法通过相互独立的随机变量来参数化随机过程。虽然在许多实际计算中，假设随机变量 Y_i 相互独立，再使用 KL 展式来参数化输入随机过程，但是这种近似并不精确。因而，开发更优的参数化方法也是当下热门研究课题之一。

3.1.3 随机序列生成

在随机过程的仿真实验中，首先要根据参数特定概率分布，生成相应的随机序列。为了实现这一目标，可以使用伪随机数，即在区间 (0,1) 上生成均匀分布的随机序列。如要生成非均匀分布的随机变量，可以通过求分布函数的逆函数来获得。

命题3.1 (逆函数法生成随机序列) 如 $F_X(x) = P(X \leqslant x)$ 为 X 的分布函数，则下面的结论成立：

1) $u \leqslant F_X(x) \iff F_X^{-1} \leqslant x$；

2) 如果 F_X 是连续的，那么 $F_X(x)$ 在 (0,1) 区间上是均匀分布的。

3) 如果 U 在 (0,1) 区间上是均匀分布的，那么 $F_X^{-1}(U)$ 存在分布函数 F_X。

大多数情况下，F_X 在考虑的区间内是严格递增且连续的。在实际仿真中，主要使用第三条结论来生成随机序列 X。但是当分布到逆函数 $F_X^{-1}(u)$ 不存在显式表达时，需要构建近似函数来实现随机序列的生成。例如标准高斯随机变量，$X \sim \mathcal{N}(0,1)$，其概率密度函数为 $f_X(x) = \frac{1}{\sqrt{2\pi}} e^{-x^2/2}$；虽然其逆函数 $F_X^{-1}(u)$ 并不存在显式表达，但是可以通过下述近似函数来替代：

$$F_X^{-1}(u) \approx y + \frac{p_0 + p_1 y + p_2 y^2 + p_3 y^3 + p_4 y^4}{q_0 + q_1 y + q_2 y^2 + q_3 y^3 + q_4 y^4}$$

$$y = \sqrt{-2\ln(1-u)} \quad 0.5 < u < 1$$

其中，

k	p_k	q_k
0	-0.322232431088	0.099348462606
1	-1	0.588581570495
2	-0.342242088547	0.531103462366
3	-0.0204231210245	0.10353775285
4	-0.0000453642210148	0.0038560700634

对于非均匀分布随机变量，还有诸如合格检验算法等的其他生成方法，感兴趣的读者可以参考文献 [38-40]。随着随机问题研究的深入，大量现有的程序 [39, 41-43]，帮助人们迅速、准确地生成随机序列。

3.2 随机系统的构建

在构建完成随机输入后，接下来通过这些随机输入将原有的确定系统转化为相应的随机系统。首先考虑下述含有随机变量 α 和 ψ 的常微分方程：

$$\frac{\mathrm{d}u}{\mathrm{d}t}(t,\omega) = -\alpha(\omega)u + \psi, \quad u(0) = u_0, \quad t \in [0,T], T > 0 \tag{3.8}$$

如果 α 和 ψ 是相互独立的随机输入变量，即 $Z = (Z_1, Z_2) = (\alpha, \psi)$，上述初值问题可以写为

$$\frac{\mathrm{d}u}{\mathrm{d}t}(t,\omega) = -Z_1 u + Z_2, \quad u(0) = u_0 \tag{3.9}$$

如果 α 和 ψ 是相互不独立的随机输入变量，根据本章第一节所述，令 $Z = \alpha$，可以找到一个函数 $g(\cdot)$ 使得 $\psi = g(\alpha)$，即

$$\frac{\mathrm{d}u}{\mathrm{d}t}(t,\omega) = -Zu + g(\alpha), \quad u(0) = u_0, \quad t \in [0,T], T > 0 \tag{3.10}$$

它的解为 $u(t, Z) : [0, T] \times \mathbb{R}^2 \to \mathbb{R}$。

上述随机系统的构建也同样适用于偏微分方程，如下面的一维随机双曲方程：

$$\frac{\partial u}{\partial t} + \kappa(x,\omega)\frac{\partial u}{\partial x} = f(x,\omega), \qquad x \in (-1,1), \quad u(1,\omega) = u_r(\omega) \qquad (3.11)$$

其中，输送速度 κ 及源项 f 皆为随机域（随机过程），边界条件 u_r 是随机变量。

首先，对 κ 和 f 分别按照式 (3.7) 进行 d_κ 项和 d_f 项的 KL 展开：

$$\kappa(x,\omega) \approx \widetilde{\kappa}(x,Z^\kappa) = \mu_\kappa(x) + \sum_{i=1}^{d_\kappa} \hat{\kappa}_i(x) Z_i^\kappa(\omega)$$

$$f(x,\omega) \approx \widetilde{f}(x,Z^f) = \mu_f(x) + \sum_{i=1}^{d_f} \hat{f}_i(x) Z_i^f(\omega)$$

其中，$\hat{\kappa}_i(x)$ 和 $\hat{f}_i(x)$ 分别由 $\kappa(x,\omega)$ 和 $f(x,\omega)$ 的协方差函数特征值与特征向量来决定；$Z_i^\kappa(\omega)$、$Z_i^f(\omega)$ 为相互独立的两组随机过程。

如果 κ 和 f 这两个随机过程也相互独立，且分别与随机变量 u_ℓ 和 u_r 独立，那么我们可以引入 $d = d_\kappa + d_f + 1$ 维的随机向量：

$$Z = (Z_1, \cdots, Z_d) = (Z_1^\kappa, \cdots, Z_{d_\kappa}^\kappa, Z_1^f, \cdots, Z_{d_f}^f, u_r)$$

一维随机双曲方程 (3.11) 相应的随机系统形式为

$$\frac{\partial u}{\partial t} + \widetilde{\kappa}(x,Z)\frac{\partial u}{\partial x} = \widetilde{f}(x,Z), \quad x \in (-1,1), \quad u(1,Z) = Z_d \qquad (3.12)$$

它的解为 $u(x,Z) : [-1,1] \times \mathbb{R}^d \to \mathbb{R}$。

综上所述，对于定义在空间域 $D \subset \mathbb{R}^\ell, \ell = 1,2,3$，时间域为 $[0,T], T > 0$ 的某个特定控制方程系统：

$$\begin{cases} \dfrac{\partial}{\partial t} u(x,t,\omega) = \mathcal{L}(u), & D \times (0,T] \times \Omega \\ \mathcal{B}(u) = 0, & \partial D \times [0,T] \times \Omega \\ u = u_0, & D \times \{t=0\} \times \Omega \end{cases} \qquad (3.13)$$

其方程解为随机过程：

$$u(x,t,\omega) : \overline{D} \times [0,T] \times \Omega \to \mathbb{R}^{n_u} \qquad (3.14)$$

其中，$\mathcal{L}$ 是（非线性）微分算子；$\mathcal{B}$ 是边界条件算子；u_0 是初始条件；$\omega \in \Omega$ 表示概率空间 $(\Omega, \mathcal{F}, P)$ 中系统的随机输入量；$n_u \geqslant 1$ 是方程解 u 的维数。

综上所述，构建随机系统如下。令 $Z = (Z_1, \cdots, Z_d) \in \mathbb{R}^d, d \geqslant 1$ 为描述系统表达式 (3.13) 随机输入特征的相互独立的随机变量，那么原系统表达式 (3.13) 的随机形式如下：

$$\begin{cases} \dfrac{\partial}{\partial t} u(x,t,Z) = \mathcal{L}(u), & D \times (0,T] \times \mathbb{R}^d \\ \mathcal{B}(u) = 0, & \partial D \times [0,T] \times \mathbb{R}^d \\ u = u_0, & D \times \{t=0\} \times \mathbb{R}^d \end{cases} \quad (3.15)$$

其方程解可以写为 $u(x,t,Z) : \overline{D} \times [0,T] \times \mathbb{R}^d \to \mathbb{R}^{n_u}$。

PDF/CDF方法

PDF/CDF 方法最早源于统计物理学中的朗之万动力系统[23]和流体力学中的湍流研究[24,25]。PDF/CDF 的本质是通过引入系统状态的精细概率函数 Π，推导相应的控制方程，进而求解系统状态的概率密度或概率分布。由于这两种方法近年来逐渐受到重视，其理论体系也得到了很大的完善，对输入随机过程的关联性也没有任何前提假设，是继广义混沌多项式法后新的发展方向。

4.1 简　　介

小概率事件的预测和对介观尺度随机参数动力系统的近似是当前常用参数不确定性量化方法的两个重要瓶颈。现有方法的主要目标是获得随机系统输出的均值与方差，进而预测系统的平均状态，并通过方差来测度此预测的不确定性。但是，无论是 1986 年美国挑战者号航天飞机爆炸，还是 2008 年欧美金融海啸，这些极端小概率事件的发生给人们带来了惨痛经历，也告诫人类对复杂系统的不确定性量化必须包含对小概率事件的预测，即只有获得系统状态的全部统计信息，才能对系统的风险开展充分的评估与规避。此外，常用的不确定性量化方法可以有效地近似小尺度 (微观) 和大尺度 (宏观) 这两种极值情况下的随机参数动力系统，但是无法应对处于两者之间的介观尺度随机参数动力系统。

PDF/CDF 方法为解决上述瓶颈提供了新方向。首先，PDF/CDF 方法以计算系统状态的全部统计信息为目的，即其概率密度 (PDF) 或累积分布函数 (CDF)。它通过引入系统状态积分函数，推导出系统概率密度或概率分布的控制方程。近期发表在计算数学和物理类期刊的一系列文章[27−30,44−45]中，笔者及部分不确定量化行业的知名学者通过不同角度，解释了 PDF/CDF 方法计算系统全部统计信息的原理，验证了该方法相较于当前常用方法在计算上的准确性和稳健性。同时，PDF 方法通过与湍流中 Large-eddy-diffusivity(LED) 闭包模型的结合 [46, 47]，可以有效地解决朗之万动力系统中介观尺度 (彩色噪声) 的研究瓶颈 [30]。

PDF 方法适用于朗之万动力系统，而 CDF 方法适用于非线性偏微分控制方程。两者都需要引入 Dirac delta 函数和阶跃函数 (Heavside 函数)，笔者将对它们的性质予以具体介绍，以便解释稍后的方法推导。

定义4.1 (Dirac delta 函数) Dirac delta 函数通常是指：

$$\delta(x) = \begin{cases} 0, & x \neq 0 \\ \infty, & x = 0 \end{cases} \tag{4.1}$$

类似于概率密度函数，它的全空间积分为一，$\int_{-\infty}^{\infty} \delta(x) \mathrm{d}x = 1$。

Dirac delta 函数的积分定义为

$$\int_{-\infty}^{\infty} g(x) \delta(x) \mathrm{d}x = g(0) \tag{4.2}$$

其中，$g(x)$ 是充分光滑的测试函数。

现在对上述积分定义 (4.2) 予以验证。在数值上，可以利用标准正态分布近似 Dirac delta 函数：

$$\delta = \lim_{n \to \infty} D_n(x) \equiv \frac{n}{\sqrt{2\pi}} \exp(-\frac{1}{2} x^2 n^2) \tag{4.3}$$

同时注意到：

$$\int_{-\infty}^{\infty} D_n(x) \mathrm{d}x = 1, \quad \int_{-\infty}^{\infty} x^m D_n(x) \mathrm{d}x = n^{-m} \widehat{\mu}_m \tag{4.4}$$

其中，$\{\widehat{\mu}_0, \widehat{\mu}_1, \widehat{\mu}_2, \cdots\} = \{0, 1, 0, \cdots\}$ 是标准正态分布的项。

对于任意充分光滑的测试函数 $g(x)$，将上述近似代入 Dirac delta 函数的积分定义表达式 (4.2)，并对 $g(x)$ 进行泰勒展开：

$$\int_{-\infty}^{\infty} g(x) D_n(x) \mathrm{d}x = \int_{-\infty}^{\infty} g(0) D_n(x) \mathrm{d}x + \int_{-\infty}^{\infty} \sum_{m=1}^{\infty} g^m(0) \frac{x^m}{m!} D_n(x) \mathrm{d}x$$

$$= g(0) + \sum_{m=1}^{\infty} g^m(0) \frac{n^{-m} \widehat{\mu}_m}{m!} \tag{4.5}$$

这样在极限条件下，可以得到 Dirac delta 函数的积分定义表达式 (4.2)

$$\lim_{n\to\infty}\int_{-\infty}^{\infty}g(x)D_n(x)\mathrm{d}x=g(0) \tag{4.6}$$

性质4.1(挑选性) Dirac delta 函数具有以下重要特性：

$$f(x)\delta(x-a)=f(a)\delta(x-a) \tag{4.7}$$

感兴趣的读者可以通过上述方法予以证明。

定义4.2(阶跃函数) 对上述 Dirac delta 函数的近似函数 (4.3) 进行变上限积分，可以得到一个阶跃函数 $H(x)$：

$$H(x)\equiv\lim_{n\to\infty}\int_{-\infty}^{x}D_n(y)\mathrm{d}y=\begin{cases}0,\ x<0\\1,\ x>0\end{cases} \tag{4.8}$$

不难看出，Dirac delta 函数即是阶跃函数 $H(x)$ 的一阶导数

$$\frac{\partial H}{\partial x}=\delta(x-a) \tag{4.9}$$

4.2 PDF 方 法

上一章中随机系统表达式 (3.15)：

$$\begin{cases}\dfrac{\partial}{\partial t}u(x,t,Z)=\mathcal{L}(u),&D\times(0,T]\times\mathbb{R}^d\\\mathcal{B}(u)=0,&\partial D\times[0,T]\times\mathbb{R}^d\\u=u_0,&D\times\{t=0\}\times\mathbb{R}^d\end{cases}$$

这里的目标是获得上述系统状态 $u(x,t)$ 的概率密度函数 $f_u(U;x,t)$。

定义4.3(精细概率密度函数) 引入新的概念，即系统状态 $u(x,t)$ 的精细概率密度函数为

$$\Pi=\delta\left[u(x,t)-U\right] \tag{4.10}$$

其中，U 是系统状态 $u(x,t)$ 在结果空间的取值，是个标度。可以发现，对于一个不含任何随机输入的确定系统，其相应的系统状态概率密度函数即是系统状态的 Dirac delta 函数。

Π 函数是随机输入 $u(x,t)$ 的函数，也是一个随机变量。如果对精细概率密度函数 Π 在随机输入 $u(x,t)$ 的结果空间上进行积分，则

$$E(\Pi) = \int_{-\infty}^{\infty} \delta(u'-U) f_u(u';x,t) \mathrm{d}u' = f_u(U;x,t) \tag{4.11}$$

根据随机函数的积分定义和 Dirac delta 函数的挑选性表达式 (4.7)，可以发现上述积分的结果即是系统状态 $u(x,t)$ 的概率密度函数 $f_u(U;x,t)$。这也是 PDF 方法最重要的性质。

性质4.2 (精细概率密度函数的均值) 精细概率密度函数 Π 的均值即是对应系统状态 $u(x,t)$ 的概率密度函数。

精细概率密度函数 Π 在时空间上的导数为

$$\frac{\partial \Pi}{\partial x} = -\frac{\partial \Pi}{\partial U}\frac{\partial u}{\partial x} \tag{4.12}$$

$$\frac{\partial \Pi}{\partial t} = -\frac{\partial \Pi}{\partial U}\frac{\partial u}{\partial t} \tag{4.13}$$

上述表达式可以通过链式法则和变量替换来求得。

接下来的目标是将原系统状态 u 的随机系统转化为系统状态精细概率密度函数 Π 的随机系统。为了实现这一目标，首先对原系统表达式 (3.15) 乘以 $\partial \Pi/\partial U$，再利用 Dirac delta 函数的挑选性表达式 (4.7) 和精细概率密度函数 Π 的时空间导数表达式 (4.12)、(4.13)，可以得到：

$$\begin{cases} \dfrac{\partial \Pi}{\partial t} = \mathcal{L}(\Pi), & D \times (0,T] \times \mathbb{R}^d \\ \Pi = \delta(\mathcal{B}(u) - U), & \partial D \times [0,T] \times \mathbb{R}^d \\ \Pi = \delta(u_0 - U), & D \times \{t=0\} \times \mathbb{R}^d \end{cases} \tag{4.14}$$

而该方程解 Π 的均值即是所要求解的系统状态概率密度函数。

现在可以通过蒙特卡罗的形式求解 Π 的均值，也可以通过对上述随机系统进行积分，得到系统状态概率密度函数 f_u 的确定方程，并对其进行求解。

$$\begin{cases} \dfrac{\partial f_u}{\partial t} + \sqcap \cdot \nabla_c F_u = \nabla_c \cdot (\mathbf{D}\nabla_c f_u), & D \times (0,T] \times \mathbb{R}^d \\ f_u = \delta(\mathcal{B}(u) - U), & \partial D \times [0,T] \times \mathbb{R}^d \\ f_u = \delta(u_0 - U), & D \times \{t=0\} \times \mathbb{R}^d \end{cases} \tag{4.15}$$

其中，$\sqcap$ 和 D 分别表示概率空间的传输速度和扩散系数。由于上述系统推导时，往往需要引入雷诺分解，即将随机变量等价于其均值与噪声的和：$Z = E[Z] + Z'$，因此，最终求解需要引入新的闭包条件 [27, 30, 45, 48] 与假设 [46, 49]。下面将予以说明。

大部分动力系统会受到自身或者周围环境中随机噪声的影响 [50]。通常用一组随机常微分方程 (朗之万随机动力系统) 来描述这些系统状态 $\boldsymbol{X} = X_1, X_2, \cdots, X_N$ 在时间上的演变：

$$\frac{\mathrm{d}X_i}{\mathrm{d}t} = h_i(\boldsymbol{X}, t) + \sum_{i,j=1}^{N} g_{ij}(\boldsymbol{X}, t) \xi_j(t), \quad i = 1, 2, \cdots, N \tag{4.16}$$

其中，每个系统状态 X_i 由变化缓慢的确定算子 $h_i(\boldsymbol{X}, t)$、含微观噪声 $\xi_j(t)$ 以及变化迅速的随机算子 $g_{ij}\xi_j$ 共同决定。

在实际系统中，很多随机噪声在时间上呈现出自身关联性，可以被定义为彩色噪声：

$$E[\xi_i(t)\xi_i(s)] = q_i \rho_i \left(\frac{t-s}{\lambda} \right) \tag{4.17}$$

这里 λ 表示关联长度。当噪声波动的时间尺度远小于朗之万动力系统宏观变量的时间变化尺度时，我们将这些噪声称之为白色噪声，即在时间尺度不相关的随机过程：

$$E[\xi_i(t)\xi_i(s)] = q_i \delta(t-s), \quad E[\xi_i(t)\xi_j(s)] = q_{ij}\delta_{ij}\delta(t-s), \quad \delta_{ij} = \begin{cases} 1, & i = j \\ 0, & i \neq j \end{cases} \tag{4.18}$$

根据上述 PDF 方法步骤，首先引入朗之万系统状态的联合精细概率密度函数：

$$\Pi = \prod_{i=1}^{N} \delta_i [X_i(t) - x_i] \tag{4.19}$$

它的积分即是所有系统状态的联合概率密度函数：

$$E[\Pi] = \int_N \cdots \int \prod_{i=1}^{N} \delta_i(X_i' - x_i) f_{\boldsymbol{X}}(\boldsymbol{x}', t) \mathrm{d}x_1' \cdots \mathrm{d}x_N' = f_{\boldsymbol{X}}(\boldsymbol{x}, t) \tag{4.20}$$

相应的导数可以写为

$$\frac{\partial \Pi}{\partial x_i} = \frac{\partial \delta_i}{\partial x_i} \prod_{\substack{n=1 \\ n \neq i}}^{N} \delta_n(X_n - x_n) \tag{4.21}$$

$$\frac{\partial \Pi}{\partial t} = -\sum_{i=1}^{N} \left[\frac{\partial \delta_i}{\partial x_i} \frac{\mathrm{d} X_i}{\mathrm{d} t} \prod_{\substack{n=1 \\ n \neq i}}^{N} \delta_n(X_n - x_n) \right] \tag{4.22}$$

现在对朗之万系统表达式 (4.16) 中的每个常微分方程乘以相对应的导数表达式 (4.21)，并运用 Dirac delta 函数的挑选性表达式 (4.7)：

$$\begin{aligned}
\frac{\partial \delta_i}{\partial x_i} \prod_{\substack{n=1 \\ n \neq i}}^{N} \delta_n(X_n - x_n) \frac{\mathrm{d} X_i}{\mathrm{d} t} &= \frac{\partial \Pi}{\partial x_i} \left[h_i(\boldsymbol{X}, t) + \sum_{i,j=1}^{N} g_{ij}(\boldsymbol{X}, t) \xi_j(t) \right] \\
&= \frac{\partial}{\partial x_i} \left\{ \left[h_i(\boldsymbol{X}, t) + \sum_{i,j=1}^{N} g_{ij}(\boldsymbol{X}, t) \xi_j(t) \right] \Pi \right\} \\
&= \frac{\partial}{\partial x_i} \left\{ \left[h_i(\boldsymbol{x}, t) + \sum_{i,j=1}^{N} g_{ij}(\boldsymbol{x}, t) \xi_j(t) \right] \Pi \right\} \quad (4.23)
\end{aligned}$$

将上述所有新方程 (4.23)，$i = 1, \cdots, N$，叠加后，代入 Π 函数的时间导数表达式 (4.22)，可以得到一个关于联合精细概率密度函数 Π 的随机系统：

$$\frac{\partial \Pi}{\partial t} = -\sum_{i=1}^{N} \frac{\partial}{\partial x_i} \left\{ \left[h_i(\boldsymbol{x}, t) + \sum_{i,j=1}^{N} g_{ij}(\boldsymbol{x}, t) \xi_j(t) \right] \Pi \right\} \tag{4.24}$$

为了简化表达，我们注明以下新的符号与变量：

$$\nabla_{\boldsymbol{x}} = \left(\frac{\partial}{\partial x_1}, \cdots, \frac{\partial}{\partial x_N} \right)^{\mathrm{T}}, \quad \boldsymbol{v}(\boldsymbol{x}, t) = \begin{pmatrix} h_1(\boldsymbol{x}, t) + \sum_{j=1}^{N} g_{1j}(\boldsymbol{x}, t) \xi_j(t) \\ \vdots \\ h_N(\boldsymbol{x}, t) + \sum_{j=1}^{N} g_{Nj}(\boldsymbol{x}, t) \xi_j(t) \end{pmatrix} \tag{4.25}$$

这样，Π 的随机系统 (4.24) 可以写为

$$\frac{\partial \Pi}{\partial t} = -\nabla_{\boldsymbol{x}} \cdot (\boldsymbol{v} \Pi) \tag{4.26}$$

接下来的目标是对上述系统进行积分，从而得到描述系统状态的联合精细概率密度函数 $f_{\boldsymbol{X}}(\boldsymbol{x}, t)$ 的确定系统。这里首先对 Π 方程 (4.26) 的所有随机变量进行

雷诺分解, 即 $\Pi = f_X + \Pi'$, $v = E[v] + v'$; 随后, 再对新的方程求均值:

$$\frac{\partial p_X}{\partial t} = -\nabla_x \cdot (E[v] p_X) - \nabla_x \cdot E[v'\Pi'] \tag{4.27}$$

现在需要得到 $E[v'\Pi']$ 的表达式。将上述方程 (4.27) 与 (4.26) 相减:

$$\frac{\partial \Pi'}{\partial t} = -\nabla_x \cdot (v\Pi' + v'f_X - E[v'\Pi']) \tag{4.28}$$

用 s 和 $y = y_1, y_2, \cdots, y_N$ 替换系统中的 t 和 x, 将新方程乘以符合以下条件的随机检测函数 $\mathcal{G}_r(x, y, t-s)$:

$$\frac{\partial \mathcal{G}_r}{\partial s} + v \cdot \nabla_y \mathcal{G}_r = -\delta(x-y)\delta(t-s), \quad \mathcal{G}_r(x, y, t=s) = 0 \tag{4.29}$$

对乘积的方程在时间与空间积分:

$$\int_0^t \int_\Omega \mathcal{G}_r \frac{\partial \Pi'}{\partial s} \mathrm{d}s\mathrm{d}y + \int_0^t \int_\Omega \mathcal{G}_r \nabla_y \cdot (v\Pi') \mathrm{d}s\mathrm{d}y =$$
$$-\int_0^t \int_\Omega \mathcal{G}_r \nabla_y \cdot (v'f_Y - E[v'\Pi']) \mathrm{d}s\mathrm{d}y \tag{4.30}$$

然后对方程 (4.30) 的左侧进行部分积分:

$$\int_\Omega [\mathcal{G}_r \Pi']_{s=0}^t \mathrm{d}y + \int_0^t \int_{\tilde{\Lambda}} n \cdot v\Pi'\mathcal{G}_r \mathrm{d}s\mathrm{d}\tilde{s}$$
$$- \int_0^t \int_\Omega \Pi' \frac{\partial \mathcal{G}_r}{\partial s} \mathrm{d}s\mathrm{d}y - \int_0^t \int_\Omega \Pi' v \cdot \nabla_y \mathcal{G}_r \mathrm{d}s\mathrm{d}y$$
$$= -\int_0^t \int_\Omega \mathcal{G}_r \nabla_y \cdot (v'f_Y - E[v'\Pi']) \mathrm{d}s\mathrm{d}y \tag{4.31}$$

其中, $n = n_1, n_2, \cdots, n_N$ 表示结果空间 $\tilde{\Lambda} \equiv \partial\Omega$ 的外向切线。

接下来使用格林函数 (4.29) 的定义, 并标示 $\Pi'_0(y) = \Pi'(y, s=0)$ 和 $Q = E[v'\Pi']$, 如此变换后, 方程 (4.31) 变为

$$\Pi' = -\int_0^t \int_\Omega \mathcal{G}_r \nabla_y \cdot (v'f_Y - Q) \mathrm{d}s\mathrm{d}y + \int_\Omega \mathcal{G}_r(x, y, t)\Pi'_0 \mathrm{d}y \tag{4.32}$$

对上述新方程 (4.32) 乘以 $v'(x, t)$, 进行积分后, 得到 $E[v'\Pi']$ 的显式表达:

$$Q_i = -\int_0^t \int_\Omega \sum_{j=1}^N \left\{ E[\mathcal{G}_r v'_i(x,t) v'_j(y,s)] \frac{\partial f_Y}{\partial y_j} + E\left[\mathcal{G}_r v'_i(x,t) \frac{\partial}{\partial y_j} v'_j(y,s)\right] p_Y \right.$$
$$\left. - E[\mathcal{G}_r v'_i(x,t)] \frac{\partial Q_j}{\partial y_j} \right\} \mathrm{d}s\mathrm{d}y \tag{4.33}$$

这里，假设随机噪声互不相关。

上述表达式 (4.33) 的最后一项相较于其他两项更小，可以被忽略。此外，假设 $f_{\boldsymbol{X}}$ 与 $\nabla f_{\boldsymbol{X}}$ 在结果空间变化缓慢，对 $\boldsymbol{Q}$ 进一步简化：

$$Q_i(\boldsymbol{x},t) = -\sum_{j=1}^N \frac{\partial f_{\boldsymbol{X}}}{\partial x_j} \int_0^t \int_\Omega E\left[\mathcal{G}_{\mathrm{r}} v_i'(\boldsymbol{x},t)\, v_j'(\boldsymbol{y},s)\right] \mathrm{d}s \mathrm{d}\boldsymbol{y}$$
$$+ \sum_{j=1}^N f_{\boldsymbol{X}} \int_0^t \int_\Omega E\left[\mathcal{G}_{\mathrm{r}} v_i'(\boldsymbol{x},t) \frac{\partial}{\partial y_j} v_j'(\boldsymbol{y},s)\right] \mathrm{d}s \mathrm{d}\boldsymbol{y} \quad (4.34)$$

将上述结果代入方程 (4.27)，得到系统状态联合精细概率密度函数 $f_{\boldsymbol{X}}(\boldsymbol{x},t)$ 的控制方程：

$$\frac{\partial f_{\boldsymbol{X}}}{\partial t} = -\sum_{i=1}^N \frac{\partial}{\partial x_i} \sqcap_i f_{\boldsymbol{X}} + \sum_{i,j=1}^N \frac{\partial}{\partial x_i}\left(\mathcal{D}_{ij} \frac{\partial f_{\boldsymbol{X}}}{\partial x_j}\right) \quad (4.35\text{a})$$

$$\mathcal{D}_{ij}(\boldsymbol{x},t) = \int_0^t \int_\Omega E\left[\mathcal{G}_{\mathrm{r}} v_i'(\boldsymbol{x},t)\, v_j'(\boldsymbol{y},s)\right] \mathrm{d}s \mathrm{d}\boldsymbol{y} \quad (4.35\text{b})$$

$$\sqcap_i(\boldsymbol{x},t) = E[v_i] - \int_0^t \int_\Omega \sum_{j=1}^N E\left[\mathcal{G}_{\mathrm{r}} v_i'(\mathbf{x},t) \frac{\partial}{\partial y_j} v_j'(\mathbf{y},s)\right] \mathrm{d}s \mathrm{d}\boldsymbol{y} \quad (4.35\text{c})$$

上述方程中的扩散项 $\mathcal{D}_{ij}$ 与传输速度 $\sqcap_i$ 可以进一步简化[47]：

$$\mathcal{D}_{ij}(\boldsymbol{x},t) \approx \int_0^t \int_\Omega E\left[v_i'(\boldsymbol{x},t)\, v_j'(\boldsymbol{y},s)\right] \mathcal{G}_{\mathrm{d}}\, \mathrm{d}s \mathrm{d}\boldsymbol{y}$$
$$= \int_0^t \int_\Omega \sum_{m,n=1}^N E[\xi_m(t)\xi_n(s)]\, g_{im}(\mathbf{x},t) g_{jn}(\mathbf{y},s) \mathcal{G}_{\mathrm{d}}\, \mathrm{d}s \mathrm{d}\boldsymbol{y}$$

$$\sqcap_i(\boldsymbol{x},t) \approx E[v_i] - \int_0^t \int_\Omega \sum_{j=1}^N E\left[v_i'(\boldsymbol{x},t) \frac{\partial}{\partial y_j} v_j'(\boldsymbol{y},s)\right] \mathcal{G}_{\mathrm{d}}\, \mathrm{d}s \mathrm{d}\boldsymbol{y}$$
$$= E[v_i] - \int_0^t \int_\Omega \sum_{j,m,n=1}^N E[\xi_m(t)\xi_n(s)]\, g_{im}(\boldsymbol{x},t) \frac{\partial}{\partial y_j} g_{jn}(\boldsymbol{y},s)\, \mathcal{G}_{\mathrm{d}}\, \mathrm{d}s \mathrm{d}\boldsymbol{y}$$

其中，引入的确定性格林函数 $\mathcal{G}_{\mathrm{d}}(\boldsymbol{x},\boldsymbol{y},t-s)$ 满足以下方程：

$$\frac{\partial \mathcal{G}_{\mathrm{d}}}{\partial s} + E[\boldsymbol{v}] \cdot \nabla_{\boldsymbol{y}} \mathcal{G}_{\mathrm{d}} = -\delta(\boldsymbol{y}-\boldsymbol{x})\delta(s-t) \quad (4.36)$$

其解可以通过特征线法获得。式 (4.37) 表示一组特征线解：

$$\frac{\mathrm{d}\boldsymbol{y}}{\mathrm{d}T} = E[\boldsymbol{v}], \quad \boldsymbol{y}(T=0) = \boldsymbol{y}_0, \quad T = s-t \quad (4.37)$$

在这些特征线上，确定性格林函数的控制方程 (4.36) 变换为

$$\frac{d\mathcal{G}_d}{dT} = -\delta[\boldsymbol{y}(\boldsymbol{y_0}, T)]\,\delta(T), \quad \mathcal{G}_d(\boldsymbol{y_0}, 0) = 0 \tag{4.38}$$

其时间积分结果为

$$\mathcal{G}_d = \int_0^T \delta[\boldsymbol{y}(\boldsymbol{y_0}, T) - \boldsymbol{x}]\,\delta(s)\mathrm{d}s = \delta(\boldsymbol{y_0} - \boldsymbol{x}) \tag{4.39}$$

通过特征线解表达式 (4.37)，可以建立新关系 $\boldsymbol{y}_0 = f(\boldsymbol{y}, s - t)$。将其带入式 (4.39)，得到确定性格林函数的表达式：

$$\mathcal{G}_d = \delta\left[f(\boldsymbol{y}, s - t) - \boldsymbol{x}\right] \tag{4.40}$$

接下来将通过两个朗之万动力系统的示例来让读者熟悉 PDF 方法，其中的噪声皆为高斯随机过程。

例4.1 (布朗运动) 粒子的速度 U 和位移 X 可以通过经典布朗运动来描述：

$$\frac{\mathrm{d}X}{\mathrm{d}t} = U \tag{4.41}$$

$$\frac{\mathrm{d}U}{\mathrm{d}t} = -KU + \xi(t) \tag{4.42}$$

其中，K 是确定的已知阻尼系数；ξ 是随机噪声。

注意到上述朗之万系统表达式 (4.41) 和表达式 (4.42) 是不耦合的，因此可以分别列出速度 $f_U(u; t)$ 与位移 $f_X(x; t)$ 的概率密度控制方程：

$$\frac{\partial f_U}{\partial t} = \frac{\partial}{\partial u}(Ku\,f_U) + \mathcal{D}_U \frac{\partial^2 f_U}{\partial u^2} \tag{4.43}$$

$$\frac{\partial f_X}{\partial t} = -E[U]\frac{\partial f_X}{\partial x} + \mathcal{D}_X \frac{\partial^2 f_X}{\partial x^2} \tag{4.44}$$

$$\mathcal{D}_X(t) = \int_0^t E[U'(t)U'(s)]\,\mathrm{d}s \tag{4.45}$$

计算位移概率密度函数，并将其与经典布朗运动的蒙特卡罗解做比较。这里，考虑阻尼系数 $K = 1$，高斯白色噪声的噪声强度 $q = 1$ 的情况。图 4.1 展示了 $t = 1$ 时刻两种方法所得到的概率密度结果。大家可以看到 PDF 方法对朗之万随机动力系统表达式 (4.41) 和表达式 (4.42) 的概率提供了精准的表述。

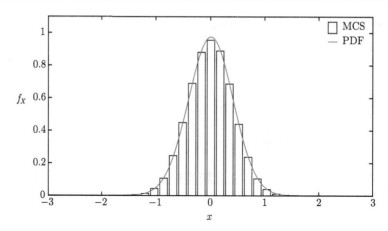

图 4.1　通过 MCS 和 PDF 方法 PDF 计算得到的 $f_X(x;t=1)$

例4.2(多孔介质中的弥散运动)　粒子在多孔介质中无压力作用下的运动可以由以下朗之万动力系统描述：

$$\frac{\mathrm{d}U}{\mathrm{d}t} = -KU + g + \sqrt{|U|}\,\xi(t) \tag{4.46}$$

其中，g 表示重力加速度。

相应的速度概率密度 $f_U(u,t)$ 方程 (4.35) 可以写为

$$\frac{\partial f_U}{\partial t} = -\frac{\partial}{\partial u}\left[\mathcal{U}(u,t)\,f_U\right] + \frac{\partial}{\partial u}\left[\mathcal{D}(u,t)\frac{\partial f_U}{\partial u}\right] \tag{4.47}$$

其中，概率传输速度 $\mathcal{U}(u,t)$ 和宏观弥散系数 $\mathcal{D}(u,t)$ 为

$$\mathcal{U}(u,t) = -Ku + g \\ \pm \frac{q}{2}\sqrt{|u|}\int_0^t \rho(t-s)\,e^{-K(t-s)}\sqrt{\left|\frac{K}{(Ku-g)e^{-K(t-s)}+g}\right|}\,\mathrm{d}s \tag{4.48}$$

$$\mathcal{D}(u,t) = q\sqrt{|u|}\int_0^t \rho(t-s)\,e^{-K(t-s)}\sqrt{\left|\frac{(Ku-g)e^{-K(t-s)}+g}{K}\right|}\,\mathrm{d}s \tag{4.49}$$

分别采用蒙特卡罗 (MCS) 和 PDF 方法计算得到速度概率密度 $f_U(u;t=10)$ 在两种极端关联长度下 ($\lambda=0$ 和 $\lambda=\infty$) 的结果，如图 4.2 所示。通过与相应的 MCS 方法比较，PDF 方法提供了很好的进度。

第四章　PDF/CDF 方法

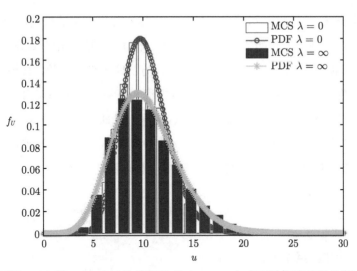

图 4.2　采用 MCS 和 PDF 方法计算得到 $f_U(u; t=10)$ 在两种极端关联长度下的结果

图 4.3 显示了不同的噪声关联函数 $\rho(\cdot)$ 对粒子弥散速度概率密度 $f_U(u;t=10)$ 的影响。其中，噪声关联函数分别为白色噪声 Dirac delta ($\rho = \delta(t-s)$)，自然指数 ($\rho = \exp\left[-\frac{|t-s|}{\lambda}\right]$) 和高斯函数 ($\rho = \frac{1}{\sqrt{2\pi}} \exp\left[-\frac{(t-s)^2}{2\lambda^2}\right]$)。在这三种关联函数中，$f_U(u;t=10)$ 在白色噪声影响下拥有最长的概率尾巴，在高斯关联函数影响下会变得最为对称。同时，也注意到弥散速度在三种关联函数作用下的均值是相同的。

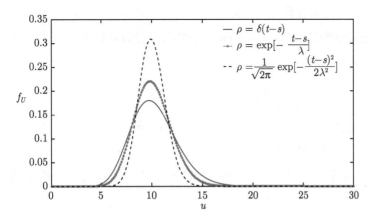

图 4.3　$f_U(u;t=10)$ 在三种关联函数影响下的结果

PDF/CDF 方法在非高斯分布随机参数动力系统的近似和数值算法框架的设

计两方面还需进一步完善。虽然 PDF/CDF 方法对随机变量的相关性没有假设,但目前研究仅限于高斯分布的随机变量,还无法作为一种通用方法涵盖广义 (分布与相关性) 的随机变量。此外,当前 PDF/CDF 方法研究偏重理论,其核心是推导出精细概率密度或精细概率分布函数的随机方程和概率密度或概率分布函数的确定方程,但是新方程的具体数值算法还未有较为深入的研究。新积分函数的不光滑性也是数值计算的主要难点,其算法的误差、收敛性和稳健性等计算指标都需要具体的量化,只有这样才能为以后的工程实际应用奠定基础。

4.3 CDF 方法

针对前述随机系统 (3.15):
$$\begin{cases} \dfrac{\partial}{\partial t}u(x,t,Z) = \mathcal{L}(u), & D \times (0,T] \times \mathbb{R}^d \\ \mathcal{B}(u) = 0, & \partial D \times [0,T] \times \mathbb{R}^d \\ u = u_0, & D \times \{t=0\} \times \mathbb{R}^d \end{cases}$$

CDF 方法的目标是获得系统状态 $u(x,t)$ 的概率分布函数 $F_u(U;x,t)$。

定义4.4(精细概率分布函数) 引入系统状态 $u(x,t)$ 的精细概率分布函数:

$$\Pi = \mathcal{H}\left[U - u(x,t)\right] \tag{4.50}$$

其中, U 是系统状态 $u(x,t)$ 在结果空间的取值。对于一个不含任何随机输入的确定系统,其相应的系统状态概率分布函数即是系统状态的阶跃函数。

像精细概率密度函数一样,如果对精细概率分布函数 Π 在随机输入 $u(x,t)$ 的结果空间上进行积分,则

$$E(\Pi) = \int_{-\infty}^{\infty} \mathcal{H}(U - u') f_u(u';x,t)\mathrm{d}u' = F_u(U;x,t) \tag{4.51}$$

性质4.3(精细概率分布函数的均值) 精细概率分布函数 Π 的均值即是对应系统状态 $u(x,t)$ 的概率分布函数。

同样,可以通过链式法则和变量替换来推出精细概率分布函数 Π 在时空间上的导数:

$$\frac{\partial \Pi}{\partial x} = -\frac{\partial \Pi}{\partial U}\frac{\partial u}{\partial x} \tag{4.52}$$

$$\frac{\partial \Pi}{\partial t} = -\frac{\partial \Pi}{\partial U}\frac{\partial u}{\partial t} \tag{4.53}$$

CDF 方法的目标是将原系统状态 u 的随机系统转化为系统状态精细概率分布函数 Π 的随机系统。与 PDF 方法类似，可以通过对原系统表达式 (3.15) 乘以 $\partial \Pi/\partial U$，再利用 Dirac delta 函数是阶跃函数的导数、其挑选性表达式 (4.7) 和 Π 的时空导数表达式 (4.52) 和表达式 (4.53)，可以得到：

$$\begin{cases} \dfrac{\partial \Pi}{\partial t} = \mathcal{L}(\Pi), & D \times (0,T) \times \mathbb{R}^d \\ \Pi = \mathcal{H}(\mathcal{B}(u) - U), & \partial D \times [0,T] \times \mathbb{R}^d \\ \Pi = (u_0 - U), & D \times \{t=0\} \times \mathbb{R}^d \end{cases} \quad (4.54)$$

该方程解 Π 的均值即是所要求解的系统状态概率分布函数。

同 PDF 方法一样，可以选择运用蒙特卡罗的形式求解 Π 的均值，或者通过积分的形式，推导并求解概率分布函数的控制方程。下面的例题将向读者展示前一个方法的应用。

例4.3 (一维随机双曲方程) 下述随机动力系统：

$$\frac{\partial k}{\partial t} + \frac{\partial q}{\partial x} = S, \quad q = k^{\frac{1}{2}} \quad (4.55)$$

$$S(x,t) = 2z^2\pi \left[\sin \pi(x+t) + 5\right] \cos \pi(x+t) + z\pi \cos \pi(x+t)$$

$$\begin{cases} k(x=0,t) = [\sin \pi t + 5]^2 \\ k(x,t=0) = [\sin \pi x + 5]^2 \end{cases}$$

其中，z 是一个对数正态分布的随机变量：

$$f_z(z; \mu=0, \sigma^2=0.1) = \frac{1}{z\sigma\sqrt{2\pi}} e^{-(\ln z - \mu)^2/2\sigma^2} \quad (4.56)$$

上述系统表达式 (4.55) 也被称为动量波方程 (kinematic wave model)，可以通过速度与系统状态标量的关系式 $q = k^{1/2}$，得到一个关于 k 的控制方程，进而也能推导出该方程的显式解：

$$k = [z \sin \pi(x+t) + 5]^2 \quad (4.57)$$

和相应的概率分布函数：

$$F_k(K; x, t) = \frac{f_z\left[(\sqrt{K}-5)/\sin \pi(x+t)\right] + f_z\left[(-\sqrt{K}-5)/\sin \pi(x+t)\right]}{2\sqrt{K}\sin \pi(x+t)} \quad (4.58)$$

接下来按照 CDF 方法的步骤，首先，定义系统状态 k 的精细概率分布函数：

$$\Pi(K; \boldsymbol{x}, t) = \mathcal{H}[K - k(\boldsymbol{x}, t)], \quad K \in \mathbb{R}^+ \tag{4.59}$$

随后，得到相应的 Π 方程：

$$\frac{\partial \Pi}{\partial t} + \frac{1}{2\sqrt{K}} \frac{\partial \Pi}{\partial x} + S \frac{\partial \Pi}{\partial K} = 0 \tag{4.60}$$

通过特征线法求解下面三个常微分方程：

$$\frac{\mathrm{d}x}{t} = \frac{1}{2\sqrt{K}}, \quad \frac{\mathrm{d}K}{t} = S, \quad \frac{\mathrm{d}\Pi}{t} = 0 \tag{4.61}$$

图 4.4 展示了 Π 的均值解，$F_k(K; x = 0.2, t = 1)$。通过与解析解 (4.58) 的对比，可以看出 CDF 方法提供了准确的概率分布，其二范式的相对精度在 100 次重复试验后可以达到 $\sim O(10^{-4})$。

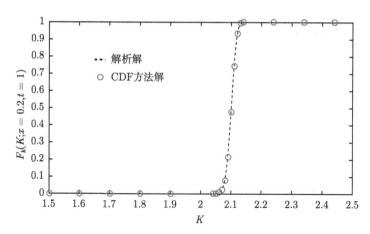

图 4.4　$F_k(K; x = 0.2, t = 1)$ 的解析解与 CDF 方法解

例4.4 (Buckley-Leverett 方程)　特殊双曲模型的 Buckley-Leverett 方程：

$$\frac{\partial s}{\partial t} + v(s) \frac{\partial s}{\partial x} = 0 \tag{4.62}$$

$$v(s) = \frac{2q(1 - s - s_{oi})(s - s_{wi})(1 - s_{oi} - s_{wi}) \mu_o \mu_w}{\phi \left[(s - s_{wi})^2 \mu_o + (1 - s - s_{oi})^2 \mu_w \right]^2} \tag{4.63}$$

$$\begin{cases} s(x, t = 0) = s_{in} = s_{wi} \\ s(x = 0, t) = s_0 = 1 - s_{oi} \end{cases}$$

上述方程广泛应用于地下石油开采中，其中，q 是系统随机输入，通常表示为随机常数。

通过特征线法 (图 4.5) 得以发现，如果 $v(s)$ 单调递增或递减，特征线与系统状态一一对应，如果 $v(s)$ 不单调变化，特征线会交叉在一起，使得方程产生激波。对此需要引入人为的系统状态阶跃[51]，即在激波已穿过的空间 $x < x_f(t)$，系统状态满足上述 Buckley-Leverett 方程；在激波未经过的空间 $x > x_f(t)$，系统状态满足初始状态：

$$s(x,t) = \begin{cases} s_r(x,t), & 0 \leqslant x < x_f(t) \\ s_{wi}, & x > x_f(t) \end{cases} \tag{4.64}$$

对于确定方程，可以通过 Rankine-Hugoniot[52] 求得上述系统状态的间断点，即激波的位置 x_f。

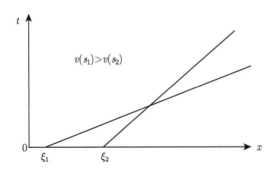

图 4.5 一维非线性双曲方程 (4.62) 的激波特征线示意图

如果使用 CDF 方法，需要根据激波的位置 x_f，重新定义系统状态 s 的精细概率分布函数：

$$\Pi(\Theta,x,t) = \begin{cases} \Pi_a = \mathcal{H}(\Theta - s_{wi}), & \Theta < s^-, & x > x_f(t) \\ \Pi_b = \mathcal{H}(\Theta - s_r), & s^- < \Theta, & x < x_f(t) \end{cases} \tag{4.65}$$

而这里的 Π_b 满足以下控制方程：

$$\frac{\partial \Pi}{\partial t} + v(\Theta)\frac{\partial \Pi}{\partial x} = 0 \tag{4.66}$$

感兴趣的读者可以推导出上述概率分布函数方程 (4.66) 的解析解为

$$\Pi_b = \mathcal{H}(\Theta - 1 + s_{oi})\mathcal{H}(C - x) + \mathcal{H}(\Theta - s_{wi})\mathcal{H}(x - C)$$
$$C(\Theta, t) = \int_0^t v(\Theta, t')\,\mathrm{d}t'$$

综上所述，当原系统出现激波时，其在结果空间的对应情况与相应的概率仍然是不确定性量化学科有待解决的问题之一。

广义多项式混沌法

诺伯特·维纳 (Norbert Wiener) 于 1938 年在对高斯随机过程进行分解的工作中[1]，首次提出了多项式混沌一词。早于且不同于当今动力学系统中的混沌现象，维纳教授研究的 Hermite 多项式作为正交基的有效性也在稍后工作中予以证明[53]。Ghanem 及其同事最早开展当代混沌多项式的研究工作，通过将 Wiener 的 Hermite 多项式作为正交基来描述随机过程；Ghanem 将混沌多项式方法成功应用于许多实际工程问题[54–56]。但是，大部分实际应用所面对的是非高斯随机变量。为了提高混沌多项式在此类问题上收敛性和近似性[57, 58]，广义混沌多项式方法应运而生[31]。

广义混沌多项式法是将经典多项式混沌方法通用化[32]，其本质上是用谱方法来表示随机空间，组合的不同多项式合以实现最优的收敛性。随着科研工作的深入，人们逐步验证了广义多项式混沌方法在各种偏微分方程中的应用[59, 60]，同时也发现作为基准的多项式不需要全局光滑，如分段多项式基[61, 62]、小波基[63, 64]和多元广义混沌多项式[65, 66]。笔者之前的著作[33]也曾对广义多项式混沌法做了系统地介绍与回顾。

本章将重点介绍广义多项式混沌法 (generalized polynomial chaos, gPC) 这一当下应用最为广泛的参数不确定性量化方法。首先复习广义多项式混沌的核心基础——正交多项式与逼近理论，然后对广义多项式混沌的构建做以说明，最后介绍实现 gPC 的两个常用数值方法 —— 随机伽辽金法与随机配点方法。

5.1 正交多项式与逼近论

本节采用以下标准注释：$\mathbb{N}$ 为所有正整数的集合，$\mathbb{N}_0$ 为所有非负整数的集合，$\mathcal{N}$ 为某个有限非负整数的指标集：$\mathcal{N} = \mathbb{N}_0 = \{0, 1, \cdots\}$ 或 $\mathcal{N} = \{0, 1, \cdots N\}$。为了便于理解，本节将专注于单变量理论基础。关于正交多项式性质的更多讨论可在经典著作[67-69]中找到。

5.1.1 正交多项式的基础知识

定义5.1 (正交多项式) 当一个广义 n 维多项式系统 $\{Q_n(x) = \sum_{i=0}^{n} a_i x^i, n \in \mathcal{N}\}$ 满足下述关系时，则称之为关于某正度量 $\alpha > 0$ 的正交多项式系统：

$$\int_S Q_n(x) Q_m(x) \mathrm{d}\alpha(x) = \gamma_n \delta_{mn} = \begin{cases} \gamma_n, & m \neq n \\ 0, & m = n \end{cases}, \quad m, n \in \mathcal{N} \quad (5.1)$$

其中，S 是度量 α 的支撑；$\gamma > 0$ 且为常数，称为归一化常数，当 $\gamma_n = 1$ 时，上述多项式系统是归一化正交多项式。这里可以看出多项式 $\widetilde{Q_n}(x) = Q_n(x)/\sqrt{\gamma_n}$ 是归一化正交多项式。

如果度量 α 是连续的，它可以用某个密度函数 $w(x)$ 来描述；如果度量 α 是离散的，它则会在每个赋值点 x_i 上带有权重 w_i。上述正交多项式 (5.1) 对于连续度量 α 可以写为

$$\int_S Q_n(x) Q_m(x) w(x) \mathrm{d}x = \gamma_n \delta_{mn}, \quad m, n \in \mathcal{N} \quad (5.2)$$

对于离散度量 α 则可以写为

$$\sum_i^\infty Q_n(x_i) Q_m(x_i) w_i = \gamma_n \delta_{mn}, \quad m, n \in \mathcal{N} \quad (5.3)$$

同理，对于加权内积 $(u, v)_{d\alpha} = \int_S u(x) v(x) \mathrm{d}\alpha(x)$，在连续度量情况下为

$$(u, v)_w = \int_S u(x) v(x) w(x) \mathrm{d}x \quad (5.4)$$

而在离散度量情况下为

$$(u,v)_w = \sum_i u(x_i)v(x_i)w \tag{5.5}$$

那么正交多项式 (5.1) 可以被写作：

$$(Q_m,Q_n)_w = \gamma_n \delta_{mn}, \quad \gamma_n = (Q_n,Q_n)_w = ||Q_n||_w^2, \quad n \in \mathcal{N} \tag{5.6}$$

定理5.1 (Favard 定理 [70]**)** 所有在实线上的正交多项式 $\{Q_n(x), n \in \mathcal{N}\}$ 都满足一个三项递推关系式：

$$\begin{cases} Q_{-1}(x) = 0 \\ Q_0(x) = 1 \\ Q_{n+1}(x) = \{A_n(x) + B_n\}Q_n(x) - C_n Q_{n-1}(x), \quad n \geq 0 \end{cases}$$

这里 A_n, B_n, C_n 为任意的实数序列，且 $A_n \neq 0, C_n \neq 0, C_n A_n A_{n-1} > 0$。

定义5.2 (超几何序列) 绝大多数正交多项式可以统一表示为超几何序列 $_rF_s$：

$$_rF_s(a_1,\cdots,a_r;b_1,\cdots,b_s;z) = \sum_{k=0}^{\infty} \frac{(a_1)_k \cdots (a_r)_k z^k}{(b_1)_k \cdots (b_s)_k k!} \tag{5.7}$$

其中，$b_i \neq 0, -1, -2, \cdots$；$(a)_n$ 的定义为

$$(a)_n = \begin{cases} a, & n = 0 \\ a(a+1)\cdots(a+n-1), & n = 1, 2, \cdots \end{cases} \tag{5.8}$$

如果 $a \in \mathbb{N}$ 是一个整数，那么 $(a)_n = (a+n-1)!/(a-1)!$；如果 $a \in \mathbb{R}$ 是一个实数，那么 $(a)_n = \Gamma(a+n)/\Gamma(a)$。

如图 5.1 中的树状图所示，Askey Scheme 对超几何正交多项式进行分类，并通过不同多项式之间的链接线表示其相互限制关系，也就是说线末端的多项式可以通过对线上端多项式中的部分参数取极限来获得。例如，图底端的 Hermite 多项式 $H_n(x)$ 与 Jacobi 多项式 $P_n^{(\alpha,\beta)}$ 之间的限制关系是：

$$\lim_{\alpha \to \infty} \alpha^{-\frac{1}{2}n} P_n^{(\alpha,\alpha)}\left(\frac{x}{\sqrt{\alpha}}\right) = \frac{H_n(x)}{2^n n!}$$

可以看到，从整个图中的多项式都可以追溯到顶端的两个 $_4F_3$ 类超几何正交多项式——Wilson 多项式 (连续) 和 Racah 多项式 (离散)。更多关于超几何多项式序列和 Askey Scheme 的信息可参阅文献 [71, 72]。

例5.1 (Hermite 多项式) Hermite 多项式是定义在 $\mathbb{R}$ 上的连续多项式：

$$H_n(x) = (\sqrt{2}x)^n {}_2F_0\left(-\frac{n}{n}, -\frac{n-1}{2}; \; ; -\frac{2}{x^2}\right) \tag{5.9}$$

$$\int_{-\infty}^{+\infty} H_m(x)H_n(x)w(x)\mathrm{d}x = n!\delta_{mn} \tag{5.10}$$

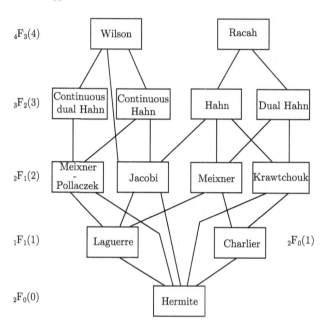

图 5.1 超几何正交多项式的 Askey Scheme

这里 $w(x) = e^{\frac{-x^2}{2}}/\sqrt{2\pi}$。通过它的三项递推关系：

$$H_{n+1}(x) = xH_n(x) - nH_{n-1}(x), \quad n > 0 \tag{5.11}$$

可以推导其前几项，如表 5.1 所示。

上述 Hermite 多项式表达式和经典 Hermite 多项式 $\widetilde{H}_n(x)$ 略有差别，两者的缩放系数不同：

$$\widetilde{H}_{n+1}(x) = 2x\widetilde{H}_n(x) - 2n\widetilde{H}_{n-1}(x), \quad n > 0$$

$$\int_{-\infty}^{+\infty} \widetilde{H}_m(x)\widetilde{H}_n(x)\widetilde{w}(x)\mathrm{d}x = 2^n n!\delta_{mn}$$

这里 $\widetilde{w}(x) = e^{\frac{-x^2}{2}}/\sqrt{\pi}$。本书中稍后的讨论将使用 $H_n(x)$ 的定义。

表 5.1 Hermite 多项式的部分表达式

阶数	表达式
$P_0(x)$	1
$P_1(x)$	x
$P_2(x)$	$x^2 - 1$
$P_3(x)$	$x^3 - 3x$
$P_4(x)$	$x^4 - 6x^2 + 3$
$P_5(x)$	$x^5 - 15x^4 + 45x^2 - 15$

例5.2 (Jacobi 多项式) Jacobi 多项式是定义在 $[-1, 1]$ 上的连续多项式：

$$P_n^{(\alpha,\beta)}(x) = \frac{(\alpha+1)_n}{n!} {}_2F_1\left(-n, n+\alpha+\beta+1; \alpha+1; \frac{1-x}{2}\right) \tag{5.12}$$

$$\int_{-1}^{1} P_n^{(\alpha,\beta)}(x) P_m^{(\alpha,\beta)}(x) w(x) \mathrm{d}x = h_n^2 \delta_{mn} \tag{5.13}$$

其中，

$$h_n^2 = \frac{(\alpha+1)_n (\beta+1)_n}{n!(2n+\alpha+\beta+1)(\alpha+\beta+2)_{n-1}} \tag{5.14}$$

$$w(x) = \frac{\Gamma(\alpha+\beta+2)}{2^{\alpha+\beta+1}\Gamma(\alpha+1)\Gamma(\beta+1)}(1+x)^\alpha(1+x)^\beta \tag{5.15}$$

它的三项递推关系为

$$\begin{aligned} x P_n^{(\alpha,\beta)}(x) &= \frac{2(n+1)(n+\alpha+\beta+1)}{(2n+\alpha+\beta+1)(2n+\alpha+\beta+2)} P_{n+1}^{(\alpha,\beta)}(x) \\ &+ \frac{\beta^2 - \alpha^2}{(2n+\alpha+\beta)(2n+\alpha+\beta+2)} P_n^{(\alpha,\beta)}(x) \\ &+ \frac{2(n+\alpha)(n+\beta)}{(2n+\alpha+\beta)(2n+\alpha+\beta+2)} P_{n-1}^{(\alpha,\beta)}(x) \end{aligned} \tag{5.16}$$

例5.3 (Legendre 多项式) Legendre 多项式是定义在 $[-1, 1]$ 上的连续多项式，也是 Jacobi 多项式中 $P_n^{(\alpha,\beta)}(x)$, $\alpha = \beta = 0$ 的特殊情形：

$$P_n(x) = {}_2F_1\left(-n, n+1; 1; \frac{1-x}{2}\right) \tag{5.17}$$

$$\int_{-1}^{1} P_n(x) P_m(x) \mathrm{d}x = \frac{2}{2n+1} \delta_{mn} \tag{5.18}$$

通过它的三项递推关系：

$$P_n + 1 = \frac{2n+1}{n+1} x P_n(x) - \frac{n}{n+1} P_{n-1}(x), \quad n > 0 \tag{5.19}$$

可以推导其前几项，如表 5.2 所示。

表 5.2　Legendre 多项式的部分表达式

阶数	表达式
$P_0(x)$	1
$P_1(x)$	x
$P_2(x)$	$\frac{1}{2}(3x^2 - 1)$
$P_3(x)$	$\frac{1}{2}(5x^3 - 3x)$
$P_4(x)$	$\frac{1}{8}(35x^4 - 30x^2 + 3)$
$P_5(x)$	$\frac{1}{8}(63x^5 - 70x^3 + 15x)$

5.1.2　正交多项式的逼近

定理5.2 (Weiserstrass 近似)　令 I 为有界区间，$f \in C^0(\bar{I})$，那么对于任意正数 $\epsilon > 0$，可以找到满足以下条件的 $n \in \mathbb{N}$ 和 $p \in \mathbb{P}_n = \mathrm{span}\{x^k : k = 0, 1, \cdots, n\}$：

$$|f(x) - p(x)| < \epsilon, \quad \forall x \in \bar{I}$$

上述定理表示，在有界、封闭区间上定义的任意连续函数都能够由多项式一致逼近 [69, 73, 74]。

根据此定理，可以证明 [73] 对于某给定连续函数 f，存在唯一一个在 $\bar{I}$ 上最高阶数小于或者等于 n 的最佳逼近多项式 $\phi_n(f)$：

$$\|f - \phi_n(f)\|_\infty = \inf_{\psi \in \mathbb{P}_n} \|f - \psi\|_\infty \tag{5.20}$$

$\phi_n(f)$ 也被称为函数 f 在 $\bar{I}$ 上的最佳一致逼近：

$$\lim_{n \to \infty} \|f - \phi_n(f)\|_\infty = 0$$

除了上述无穷范数定义的逼近条件 (5.20)，也可以通过有限范数来定义逼近：对于正的权重函数 $w(x), x \in I$，其加权二范数 L^2 空间如下：

$$L_w^2(I) \triangleq \left\{ v : I \to \mathbb{R} \;\Big|\; \int_I v^2(x) w(x) \mathrm{d}x < \infty \right\} \tag{5.21}$$

相应的内积与范数为

$$(u,v)_{L_w^2(I)} = \int_I u(x)v(x)w(x)\mathrm{d}x, \quad \forall u,v \in L_w^2(I) \tag{5.22}$$

$$\|u\|_{L_w^2(I)} = \left(\int_I u^2(x)w(x)\mathrm{d}x\right)^{1/2} \tag{5.23}$$

在下面的内容中，将有界区间拓展到一般情况 $\bar{I}$，即 $\bar{I} = [-1,1]$、$\bar{I} = [0,\infty)$ 或者 $\bar{I} = \mathbb{R}$。而 $(u,v)_{L_w^2(I)}$、$\|u\|_{L_w^2(I)}$ 将用 $(u,v)_w$ 以及 $\|u\|_w$ 来表示。

定理5.3 (加权 L^2 范数最佳逼近) 对于任意函数 $f \in L_w^2(I)$ 和任意非负整数 $N \in \mathbb{N}_0$，其正交投影 $P_N f$ 是加权 L^2 范数 (5.23) 条件下对原函数的最佳逼近：

$$\|f - P_N f\|_{L_w^2} = \inf_{\psi \in \mathbb{P}_n} \|f - \psi\|_{L_w^2} \tag{5.24}$$

由于误差 $f - P_N f$ 正交于多项式空间 $\mathbb{P}_N$，所以 $P_N f \in \mathbb{P}_n$ 也被称为函数 f 通过内积 $(\cdot,\cdot)_{L_w^2}$ 在空间 $\mathbb{P}_n$ 的正交投影。其中 P_N 表示投影算子：$P_N : L_w^2(I) \to \mathbb{P}_N$；而 $\{\widehat{f}_k\}$ 是广义傅里叶系数：

$$P_N f \triangleq \sum_{k=0}^{N} \widehat{f}_k \phi_k(x) \tag{5.25}$$

$$\widehat{f}_k \triangleq \frac{1}{\|\phi_k\|_{L_w^2}^2}(f, \phi_k)_{L_w^2}, \quad 0 \leqslant k \leqslant N \tag{5.26}$$

这里，$\{\phi_m\}_{k=0}^{N} \subset \mathbb{P}_N$ 为一组维数不超过 N 的正交多项式：

$$(\phi_m(x), \phi_n(x))_{L_w^2(I)} = \|\phi_m\|_{L_w^2(I)}^2 \delta_{m,n}, \quad 0 \leqslant m,n \leqslant N \tag{5.27}$$

通过上述定理可以推导以下结论：

结论5.1 (逼近误差的正交性) 对于任意函数 $f \in L_w^2(I)$ 和任意非负整数 $N \in \mathbb{N}_0$，其正交投影与原函数的误差正交于多项式空间：

$$\int_I (f - P_N f)\phi w\,\mathrm{d}x = (f - P_N f, \phi)_{L_w^2} = 0, \quad \forall \phi \in \mathbb{P}_N \tag{5.28}$$

结论5.2 (Schwarz 不等式) $\|P_N f\|_{L_q^2} \leqslant \|f\|_{L_q^2}$。

结论5.3 (Parseval 等式) $\|f\|_{L_w^2}^2 = \sum_{k=0}^{\infty} \widehat{f}_k^2 \|\phi_k\|_{L_w^2}^2$。

定理5.4 (正交投影的收敛速率) 对于任意函数 $f \in L_w^2(I)$，其正交投影的收敛速率依赖于 f 的规律性以及正交多项式 $\{\phi_k\}$ 的种类：

$$\lim_{N \to \infty} \|f - P_N f\|_{L_w^2} = 0 \tag{5.29}$$

例5.4 (Legendre 多项式的收敛) Legendre 多项式的收敛速率取决于函数 f 的光滑程度，即函数的可导性。对于固定的 N 次逼近，f 越光滑，其导数的阶数值越大，近似误差就越小。此类收敛特性也被称为谱收敛。传统的有限差分近似和有限元逼近的收敛速率与函数的光滑程度都没有关系，这也是与上述正交投影逼近的最大区别。

如果函数 f 是任意次光滑的函数，即解析函数，那么谱收敛的速度呈指数型增长，远快于任意代数阶收敛：

$$\|f - P_N f\|_{L_w^2} \sim Ce^{-\alpha N}\|f\|_{L_w^2}$$

其中，C 与 α 为正常数。通过图 5.2 中 Legendre 多项式对 $\cos(\pi x)$ 投影的收敛误差可以看出谱收敛的指数型收敛速度。

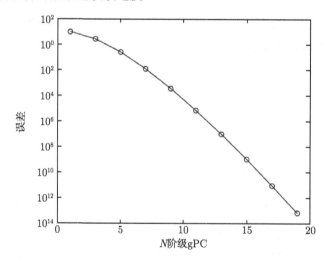

图 5.2 N 阶 Legendre 多项式对 $\cos(\pi x)$ 投影的收敛误差

当函数 f 不是解析函数时，正交多项式投影的收敛速度将不再优越于代数阶收敛。特别是不连续函数的收敛情况会非常糟糕。例如下面的符号函数：

$$\operatorname{sgn}(x) = \begin{cases} 1, & x > 0 \\ -1, & x < 0 \end{cases}$$

其 Legendre 多项式展开为

$$\operatorname{sgn}(x) = \sum_{n=0}^{\infty} \frac{(-1)^n (4n+3)(2n)!}{2^{2n+1}(n+1)!n!} P_{2n+1}(x)$$

如图 5.3 所示，将上述正交投影与原函数比较时，阶跃点 (不连续点) 上会振荡且不随 N 的增加而消失。这是由于使用全局光滑的基函数来近似局部不连续的函数所造成的结果，也称为吉布斯现象 (Gibbs phenomenon)。更详细的讨论请参考文献 [47]。

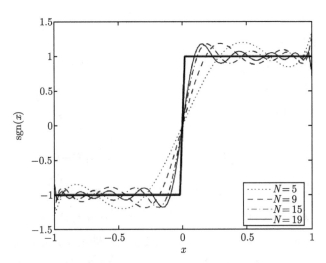

图 5.3 N 阶 Legendre 多项式对符号函数的近似

更多关于正交多项式收敛点信息可参阅文献 [75-77]。

5.1.3　正交多项式的插值逼近

在近似问题中，目标是在给定 $N+1$ 个已知点 $(x_i, y_i), i = 0, \cdots, N$ 的情况下，构建一个 M 阶多项式 $Q_M(x)$，使得 $Q_M(x_i) = y_i, i = 0, \cdots, N$，

$$Q_M(x_i) = a_M x_i^M + \cdots + a_1 x_i + a_0 = y_i, \quad i = 0, \cdots N \tag{5.30}$$

即要目标函数 $Q_M(x)$ 对 $\{y_i\}$ 在 $\{x_i\}$ 插值节点处进行插值。如果 $N \neq M$，则得到矛盾方程组 (under-determined) 或超定方程组 (over-determined)。

定理5.5 (多项式插值的存在性)　对于 $N+1$ 对已知点 $(x_i, y_i), i = 0, \cdots, N$，存在唯一的多项式 $Q_N \in \mathbb{P}_N$，且满足 $Q_N(x_i) = y_i, i = 0, \cdots, N$，

$$Q_N(x_i) = a_N x_i^N + \cdots + a_1 x_i + a_0 = y_i, \quad i = 0, \cdots N \tag{5.31}$$

其中，$a_0, \cdots, a_N$ 为待定系数。

如果令 $\boldsymbol{a} = (a_0, \cdots, a_N)^T$, $\boldsymbol{y} = (y_0, \cdots, y_N)^T$, $\boldsymbol{A} = (a_{ij}) = (x_i^j)$, 那么上述插值方程组 (5.31) 可写成如下形式：

$$\boldsymbol{Aa} = \boldsymbol{y}$$

这里的 Vandermonde 矩阵 $\boldsymbol{A}$ 是非奇异的，因此系数 $\boldsymbol{a}$ 存在唯一解。

定理5.6 (插值误差 [78]**)** 令 $x_0, \cdots, x_N$ 为 $N+1$ 个不同的节点、x 为取区间 I 上的一个节点。假设 $f(x) \in C^{N+1}(I_x)$, $x \in I$ 为给定函数，其中 I_x 是包含 $x_0, \cdots, x_N$ 和 x 的最小区间，那么该函数在上述节点取值而建立的 N 次插值多项式 $\Pi_N f(x)$ 在点 x 处的插值误差为

$$E_N(x) = f(x) - \Pi_N f(x) = \frac{f^{N+1}(\xi)}{(N+1)!} q_{N+1}(x) \tag{5.32}$$

这里 $\xi \in x_i$, $q_{N+1} = \Pi_{i=0}^{N+1}(x - x_i)$ 是 $N+1$ 次节点多项式。

需要注意的是，拥有均匀分布节点的高次多项式 $q_{N+1}(x)$，即使对诸如 $f(x) = (1+x^2)^{-1}$, $x \in [-5, 5]$ 的简单函数也很可能会在端点处出现异常反应，导致 $\Pi_N f(x)$ 无法收敛，如著名的 Carl Runge 问题，即 Runge 现象。因此，需要在非均匀的节点上使用分段低次多项式插值或者高次插值，而正交多项式的零点是高次插值方法中很好的选择。

5.1.4 正交多项式的零点与积分

正交多项式的零点往往呈现不均匀分布，非常利于多项式插值。

定理5.7(正交多项式的零点 1) 令 $\{Q_n(x)\}_{n \in \mathbb{N}}$, $x \in I$ 为满足正交关系式 (5.6) 的正交多项式。那么，对于任意整数 $n \geqslant 1$, Q_n 在空间 I 中有 n 个不同的实数零点。

定理5.8 (正交多项式的零点 2) 令 $\{Q_n\}_{n \in \mathbb{N}}$, $x \in I$ 为 I 中的一组正交多项式。那么，对于任意区间 $[a, b] \in I$, $a < b$, 可以找到一个 $m \in \mathbb{N}$ 使得 Q_m 在区间 $[a, b]$ 上至少有一个零点。

上述定理表示集合 $J = \bigcup_{n \geqslant 1} \bigcup_{k=1}^{n} \{z_k^{(n)}\}$ 在 $\bar{I}$ 中是稠密的，其中 $\{z_k^{(n)}\}$ 表示正交多项式 Q_n 的零点。

例5.5 (Legendre 多项式的零点) Legendre 多项式 $P_n(x)$, $x \in [-1, 1]$ 的零点满足以下条件：

$$-1 \leqslant -\cos\frac{k-\frac{1}{2}}{n+\frac{1}{2}}\pi \leqslant z_k^{(n)} \leqslant -\cos\frac{k}{n+\frac{1}{2}}\pi \leqslant 1, \quad 1 \leqslant k \leqslant n$$

像很多正交多项式的零点一样，Legendre 多项式的零点聚集于区间 $[-1,1]$ 两端。其两个连续零点间的距离为

$$L = -\cos\frac{k}{n+\frac{1}{2}}\pi + \cos\frac{k-\frac{1}{2}}{n+\frac{1}{2}}\pi = 2\sin\frac{2k-\frac{1}{2}}{2n+1}\pi \sin\frac{\frac{1}{2}}{2n+1}\pi$$

当 n 很大时，$k \approx 1$ 或者 $k \approx n$ 情况下，$L \propto n^{-2}$；对于中间值的 k，$L \propto n^{-1}$。

同时，正交多项式零点的非均匀性分布也利于数值积分。可以使用正交多项式来构建精准的积分规则。

定理5.9 (基于正交多项式的积分) 对于空间 I 中次数小于或者等于 $2N-1$ 任意多项式函数 $f(x)$：

$$\int_I f(x)w(x)\mathrm{d}x = \sum_{j=1}^N f(z_j^{(N)})w_j^N$$

$$w_j^{(N)} = \int_I l_j^{(N)} w(x)\mathrm{d}x, \quad 1 \leqslant j \leqslant N$$

其中，$\{z_k^{(N)}\}_{k=1}^N$ 是满足正交关系式 (5.6) 的多项式 $\{Q_n\}_{n\in\mathbb{N}}$ 的零点，$w_j^{(N)}$ 表示权重，$l_j^{(N-1)}$ 为通过节点 $z_j^{(N)}, 1 \leqslant j \leqslant N$ 的第 $(N-1)$ 阶 Lagrange 多项式。

上述定理的逆命题也是正确的：如果公式 (5.33) 对所有函数 $f \in \mathbb{P}_{2N-1}$ 都成立，那么所有的节点都是 Q_N 的零点。此时的近似公式效果为最佳。

定义5.3 (离散投影) 对于给定函数 $f \in L_w^2(I)$，其离散投影为

$$I_N f(x) \triangleq \sum_{n=0}^N \widetilde{f}_n \psi_n(x) \tag{5.33}$$

其中的系数可以用 $(N+1)$ 个点的高斯求积来估计离散展开：

$$\widetilde{f}_n = \frac{1}{\|\phi\|_{L_w^2}^2} \sum_{j=1}^{N+1} f(z_j^{(N)})\phi_n z_j^{(N)} w_j^{(N)}, \quad 0 \leqslant n \leqslant N \tag{5.34}$$

定理5.10 (投射等价性) 对于任意给定函数 $f \in L_w^2(I)$，其离散投影 $I_N f(x)$[式 (5.33)] 和经过相同高斯节点 [式 (5.34)] 的 Lagrange 多项式插值 $\Pi_N f(x)$ 是等价的，

即 $\Pi_N f = I_N f_c$。其中，

$$\Pi_N f(x) = \sum_{j=1}^{N+1} f(z_j^{(N)}) l_j(x) \tag{5.35}$$

这里需要说明，对于广义函数 f，高斯求积并不正和，$\tilde{f}_n \neq \hat{f}_n$，$I_N f \neq P_N f$，因此，连续正交投影与离散正交投影会有所差别。这种混淆误差起源于无法在有限的网格里区分基模式的高低，因此，如果使用基函数的插值 $I_N \phi_j, j \geqslant N$ 而非基函数本身来展开高阶模式的话，就会引入误差。但是由于高斯点带来的混淆误差阶数通常与投射误差阶数相同，在实际应用中，连续和离散展开对于光滑函数在性质上是相似的[79]。

5.2 广义多项式混沌

本节承接上面的正交多项式内容，将重点讲述广义多项式混沌 (generalized polynomial chaos, gPC) 的基础知识，其中涉及的 gPC 为全局光滑正交多项式。了解其他类型的 gPC 展开式 (如分段 gPC 展开式) 可参阅文献 [31]。

5.2.1 一元随机变量的广义多项式混沌

定义5.4 (广义随机多项式的基函数) 对于服从概率分布函数 $F_Z(z) = P(Z \leqslant z)$ 的单一随机变量 Z，其广义多项式混沌的基函数为满足下列条件的正交多项式函数：

$$E[\Phi_m(Z)\Phi_n(Z)] = \gamma_n \delta_{mn}, \qquad m, n \in \mathcal{N} \tag{5.36}$$

其中，γ_n 为标准化因子：

$$\gamma_n = E[\Phi_n^2(Z)], \quad n \in \mathcal{N} \tag{5.37}$$

$\mathcal{N}$ 是指标集合 (有限非负整数)：$\mathcal{N} = \mathbb{N}_0 = 0, 1, \cdots$ 或 $\mathcal{N} = 0, 1, \cdots, N$。

如果随机变量 Z 是连续函数，那么 Z 的概率密度函数 (PDF) 存在且满足 $\mathrm{d}F_Z(z) = \rho(z)\mathrm{d}z$，其正交性可表示为

$$E[\Phi_m(Z)\Phi_n(Z)] = \int \Phi_m(z)\Phi_n(z)\rho(z)\mathrm{d}z = \gamma_n \delta_{mn}, \quad m, n \in \mathcal{N} \tag{5.38}$$

如果随机变量 Z 是离散函数，其正交性可表示为

$$E[\Phi_m(Z)\Phi_n(Z)] = \sum_i \Phi_m(z_i)\Phi_n(z_i)\rho_i = \gamma_n \delta_{mn}, \quad m, n \in \mathcal{N} \tag{5.39}$$

为便于表述，本章稍后都用下式来表示 (连续或离散) 随机变量的数学期望：

$$\boldsymbol{E}[f(Z)] = \int f(Z)\,\mathrm{d}F_Z(z)$$

我们可以看到在上面的表述中，正交多项式 $\{\Phi_m(z_i)\}$ 的权重函数由 $\rho(z)$ 表示，它也是相应随机变量 $Z \in \mathbb{R}$ 的概率密度函数。因此，我们可以根据随机变量 Z 的概率分布来得到其 gPC 的正交多项式基函数。表 5.3 列举了一些比较常见的概率分布函数及其对应的 gPC 基函数。

表 5.3 常见的概率分布函数及其对应的 gPC 基函数

	概率分布	gPC 多项式基	定义域
连续分布	高斯分布	Hermite	$(-\infty, \infty)$
	伽玛分布	Laguerre	$[0, \infty]$
	贝塔分布	Jacobi	$[a, b]$
	均匀分布	Legendre	$[a, b]$
离散分布	泊松分布	Charlier	$\{0, 1, 2, \cdots\}$
	二项分布	Krawtchouk	$\{0, 1, \cdots, N\}$
	负二项分布	Meixner	$\{0, 1, 2, \cdots\}$
	超几何分布	Hahn	$\{0, 1, \cdots, N\}$

正交性表达式 (5.36) 确保了多项式可作为基函数组来逼近随机变量 Z 的函数。

定义5.5 (gPC 强逼近) 令 $f(Z)$ 为随机变量 Z 的函数，其中 Z 的概率分布函数为 $F_Z(z) = P(Z \leqslant z)$，定义域为 I_Z。当广义多项式混沌 $f_N(Z) \in \mathbb{P}_N(Z)$ 满足下列条件时，我们称之为空间 I_Z 上适当范数条件下的强逼近：

$$\lim_{N \to \infty} \|f(Z) - f_N(Z)\| \to 0 \tag{5.40}$$

根据上述定义，可以定义空间 I_Z 上的二范数逼近。

定义5.6 (二范数逼近) 对于任意函数 $f \in L^2_{\mathrm{d}F_Z}(I_Z)$，其 N 次 gPC 正交投影

$$P_N f = \sum_{k=0}^{N} \hat{f}_k \Phi_k(Z), \quad \hat{f}_k = \frac{1}{\gamma_k} E[f(Z)\Phi_k(Z)] \tag{5.41}$$

是均方收敛形式逼近目标函数 f，也称为二范数逼近：

$$\lim_{N\to\infty} \|f - P_N f\|_{L^2_{\mathrm{d}F_Z}} = \left(E[(f - P_N f)^2]\right)^{1/2} \to 0 \tag{5.42}$$

从上一节的结论可以看到，正交投影收敛性的收敛速度依赖于函数 f 关于随机变量 Z 的光滑程度：函数 f 越光滑，$P_N f$ 收敛得越快。如果 gPC 展开式 $f_N(Z)$ 强收敛于函数 $f(Z)$ 时，例如上边的均方收敛 (5.42)，那么该 gPC 展开式 $f_N(Z)$ 依概率收敛于目标函数：$f_N \xrightarrow{P} f$。

在实际应用中，并不知道目标函数 $f(Z)$ 的显式表达，只知道它的概率密度函数。这种情况下，无法构造相应的强收敛 gPC 展开式，需要用弱收敛来逼近目标函数。

定义 5.7(gPC 弱逼近) 假设随机变量 Y 的概率分布函数为 $F_Y(y) = P(Y \leqslant y)$，$Z$ 是 gPC 多项式基函数中的 (标准) 随机变量，$\mathbb{P}_N(Z)$ 是 Z 的最高次为 $N \geqslant 0$ 的多项式线性空间。如果 Y_N 依概率收敛于 Y，那么 $Y_N \in \mathbb{P}_N(Z)$ 为 gPC 弱逼近的一种。

上述 gPC 弱逼近的形式并不唯一，例如一个标准正态分布的随机变量 $Z \in N(0, 1)$，可以构造以下两个随机函数：

$$Y_1(Z) = \mu H_0 + \sigma H_1(Z) = \mu + \sigma Z \tag{5.43}$$

$$Y_2(Z) = \mu H_0 - \sigma H_1(Z) \tag{5.44}$$

两者服从同样的正态分布 $N(\mu, \sigma^2)$，但其数值却完全不同。因此，当只知道任意随机变量 Y 的概率分布时，相应的 N 阶 gPC 投影 (5.41) 是无法构造出来的：

$$Y_N = \sum_{k=0}^{N} a_k \Phi_k(Z), \quad a_k = \frac{E[Y\Phi_k(Z)]}{\gamma_k}, \quad 0 \leqslant k \leqslant N \tag{5.45}$$

其中，$\gamma_k = E\left[\Phi_k^2(Z)\right]$ 表示标准化因子。

但是，如果知道 $Y = F_Y^{-1}(F_Z(Z))$，可以将 gPC 系数 (5.45) 中的数学期望写成关于 Z 的形式，从而构建 gPC 表达式。

定理 5.11 (gPC 弱收敛) 令 Y 和 Z 皆为随机变量，分别服从概率分布函数：$F_Y(y) = P(Y \leqslant y)$ 和 $F_Z(z) = P(Z \leqslant z)$，且两者的二阶统计矩都是有限的：$E(Y^2) < \infty$，$E(|Z|^{2m}) < \infty$；那么，对于所有 $m \in \mathcal{N}$，满足 $E_Z[\Phi_m(Z)\Phi_n(Z)] =$

$\delta_{mn}\gamma_n$, $\forall m,n \in \mathcal{N}$ 条件的下述广义多项式混沌基函数 Y_N 存在:

$$Y_N = \sum_{k=0}^{N} a_k \Phi_k(Z), \quad a_k = \frac{1}{\gamma_k} E_Z[F_Y^{-1}(F_Z(Z))\Phi_k(Z)] \tag{5.46}$$

且依概率收敛于 Y: $\lim_{N\to\infty} Y_N \xrightarrow{P} Y$。

综上所述，对于给定的概率分布函数，如果其对应的 gPC 多项式是表 5.3 所列出的常见情况，最好直接使用它们为 gPC 多项式的基函数，以实现最低阶的精确逼近。

5.2.2 多元随机变量的广义多项式混沌

当目标函数 $f(\mathbf{Z})$ 存在 d 个独立随机变量 $\mathbf{Z} = (Z_1, \cdots, Z_d)$ 时，需要用多元 gPC 展开式来逼近。假设这些随机变量的联合概率分布函数为

$$F_{\mathbf{Z}}(z_1, \cdots, z_d) = P(Z_1 \leqslant z_1, \cdots, Z_d \leqslant z_d)$$

其中，随机变量 Z_i 的边际分布为 $F_{Z_i}(z) = P(Z_i \leqslant z_i)$。那么由这些随机变量的相互独立性可知，$F_{\mathbf{Z}}(z) = \prod_{i=1}^{d} F_{Z_i}(z_i)$，且总空间 $I_{\mathbf{Z}} = I_{Z_1} \times \cdots \times I_{Z_d}$。令 $\{\phi_k(Z_i)\}_{k=0}^{N} \in \mathbb{P}_N(Z_i)$ 为随机变量 Z_i 的 N 阶单变量 gPC 基函数:

$$E[\phi_m(Z_i)\phi_n(Z_i)] = \int \phi_m(z)\phi_n(z) \mathrm{d}F_{Z_i}(z) = \delta_{mn}\gamma_n, \quad 0 \leqslant m,n \leqslant N \tag{5.47}$$

定义5.8(多元广义多项式混沌的基函数) 随机向量 $\mathbf{Z}$ 的 d 元 N 阶 gPC 基函数即为上式 (5.47) 中单变量 gPC 基函数的乘积:

$$\Phi_{\boldsymbol{i}}(Z) = \phi_n(Z_1)\cdots\phi_n(Z_d), \quad 0 \leqslant |\boldsymbol{i}| \leqslant N \tag{5.48}$$

$$E[\Phi_{\boldsymbol{i}}(Z)\Phi_{\boldsymbol{j}}(Z)] = \int \Phi_{\boldsymbol{i}}(z)\Phi_{\boldsymbol{j}}(z) \mathrm{d}F_Z(z) = \gamma_{\boldsymbol{i}} \delta_{\boldsymbol{ij}} \tag{5.49}$$

其中，$\boldsymbol{i} = \{i_1, \cdots, i_d\} \in \mathbb{N}_0^d$ 为多元下标，且满足 $|\boldsymbol{i}| = i_1 + \cdots + i_d$。$\gamma_{\boldsymbol{i}} = E[\Phi_{\boldsymbol{i}}^2] = \gamma_{i_1}\cdots\gamma_{i_d}$ 为标准化因子，$\delta_{\boldsymbol{ij}} = \delta_{i_1 j_1}\cdots\delta_{i_d j_d}$ 为 d 元 Kronecker δ 函数。

定义5.9(多元 gPC 二范数逼近) 对于任意函数 $f \in L^2_{\mathrm{d}F_Z}(I_Z)$，其 N 次 gPC 正交投影

$$P_N f = \sum_{|\boldsymbol{i}| \leqslant N} \hat{f}_{\boldsymbol{i}} \Phi_{\boldsymbol{i}}(Z) \tag{5.50}$$

是均方收敛形式逼近目标函数 f，也称为二范数逼近：

$$\|f - P_N f\|_{L^2_{\mathrm{d}F_Z}} \to 0, \qquad N \to \infty \tag{5.51}$$

在实际操作中，多元下标的表达 $\{i_1, \cdots, i_d\}$ 较难处理，因此人们通常用单一下标来标示上述多元 gPC 展开式。分次字典序是最广泛采用的方法，也是本书中所使用的标准，即 $i > j$，当且仅当 $|i| \geqslant |j|$ 且对应元素的第一个非零差值 $i-j$ 为正，多元下标可以直接按单一下标的升序排列。以 $d = 4$ 为例，表 5.4 给出了对应的分次字典序。

表 5.4 多元下标 i 的分次字典序

$\lvert i \rvert$	i 的多元下标	单一下标 k
0	(0 0 0 0)	1
1	(1 0 0 0)	2
	(0 1 0 0)	3
	(0 0 1 0)	4
	(0 0 0 1)	5
2	(2 0 0 0)	6
	(1 1 0 0)	7
	(1 0 1 0)	8
	(1 0 0 1)	9
	(0 2 0 0)	10
	(0 1 1 0)	11
	(0 1 0 1)	12
	(0 0 2 0)	13
	(0 0 1 1)	14
	(0 0 0 2)	15
3	(3 0 0 0)	16
	(2 1 0 0)	17
	(2 0 1 0)	18
	⋯	⋯

我们注意到上述的多元 gPC 基函数 $\Phi_i(Z)$ 张量为 $\mathbb{P}_N^d$，其维数为

$$\dim \mathbb{P}_N^d = \begin{pmatrix} N+d \\ N \end{pmatrix} \tag{5.52}$$

阶数恰为 N 的多元 gPC 基函数也称为齐次 gPC，或者齐次混沌，其张量 $\mathcal{P}_N^d$ 的维数是

$$\dim \mathcal{P}_N^d = \begin{pmatrix} N+d-1 \\ N \end{pmatrix} \tag{5.53}$$

5.2.3 gPC 的统计特征

对于含有随机向量 $Z \in \mathbb{R}^d$ 目标函数 $f(t, Z)$，当标号 t 为任意的固定值，$t \in T$，构建一个足够精确 (如二范数逼近) 的多元 N 阶 gPC 展开式：

$$f(t, Z) \approx f_N(t, Z) = \sum_{|\boldsymbol{i}| \leqslant N} \hat{f}_{\boldsymbol{i}}(t) \Phi_{\boldsymbol{i}}(Z) \in \mathbb{P}_N^d$$

因此，目标函数统计特征可通过该 gPC 近似表达式 f_N 得到：

1) 均值：

$$\mu_f(t) \triangleq E[f(t, Z)] \approx E[f_N(t, Z)] = \int \left(\sum_{|\boldsymbol{i}| \leqslant N} \hat{f}_{\boldsymbol{i}}(t) \Phi_{\boldsymbol{i}}(Z) \right) \mathrm{d}F_Z(z) = \hat{f}_0(t) \tag{5.54}$$

2) 协方差函数：

$$\begin{aligned} C_f(t_1, t_2) &\triangleq E[(f(t_1, Z) - \mu_f(t_1))(f(t_2, Z) - \mu_f(t_2))] \\ &\approx E[\left(f(t_1, Z) - \hat{f}_0(t)\right)\left(f(t_2, Z) - \hat{f}_0(t)\right)] \\ &= \sum_{0 < |\boldsymbol{i}| < N} [\gamma_{\boldsymbol{i}} \hat{f}_{\boldsymbol{i}}(t_1) \hat{f}_{\boldsymbol{i}}(t_2)] \end{aligned} \tag{5.55}$$

3) 方差：

$$\mathrm{var}(f(t, Z)) = E\left[(f(t, Z) - \mu_f(t))^2\right] \approx \sum_{0 < |\boldsymbol{i}| < N} \left[\gamma_{\boldsymbol{i}} \hat{f}_{\boldsymbol{i}}^2(t_1)\right] \tag{5.56}$$

同理，目标函数 f 的其他统计特征可以根据其自身定义用上述 gPC 展开式 f_N 估算。

5.3　gPC 方法的数值实现

广义多项式法混沌需要具体的数值算法来实现。随机伽辽金法 (stochastic Galerkin method) 旨在推导系统状态 gPC 展开式系数的耦合确定方程组，以最大限度地减少多项式有限阶扩展所带来的误差，但复杂的原随机系统可能会给确定方程的推导带来麻烦。随机配点法 (stochastic collocation method) 则是基于经典的"确定性取样方法"，在随机参数空间的预设节点上重复实现原随机问题的确定算法。虽然这种算法采用的一维节点张量积[80, 81]的结构有利于数学分析[82]，但是其总节点数伴随着不确定参数维数的增加呈现出指数型增长，故更适用于低维度随机问题 ($n \leqslant 5$)。为了应对随机计算的高维度挑战，可以在多元插值分析中采用稀疏网格[83]以降低随机空间中的节点数量[84–87]，也可以通过计算网格的自适应性[88–90,65]和自适应稀疏网格搭配法[85, 87, 91]来缓解计算成本。

5.3.1　随机伽辽金法

对于含有一组相互独立随机变量 $Z = (Z_1, \cdots, Z_d) \in \mathbb{R}^d, d \geqslant 1$，定义在空间 $D \subset \mathbb{R}^\ell, \ell = 1, 2, 3$ 和 $T > 0$ 的随机控制系统：

$$\begin{cases} \dfrac{\partial}{\partial t} u(x, t, Z) = \mathcal{L}(u), & D \times (0, T] \times \mathbb{R}^d \\ u(\partial D, t) = 0, & \partial D \times [0, T] \times \mathbb{R}^d \\ u(x, 0) = u_0, & D \times \{t = 0\} \times \mathbb{R}^d \end{cases} \quad (5.57)$$

随机伽辽金法的目标是构建系统解 u 的 N 阶 gPC 展开式 v_N：

$$u(x, t, Z) \approx v_N(x, t, Z) = \sum_{|i|=0}^{N} \hat{v}_i(x, t) \Phi_i(Z) \quad (5.58)$$

并利用其正交性：$E[\Phi_i(Z) \Phi_j(Z)] = \delta_{ij} \gamma_i$，使得下列方程对所有满足 $|k| \leqslant N$ 条件的 k 成立：

$$\begin{cases} E[\partial_t v_N(x, t, Z) \Phi_k(Z)] = E[\mathcal{L}(v_N) \Phi_k], & D \times (0, T] \\ E[\mathcal{B}(u) \Phi_k] = 0, & \partial D \times [0, T] \\ \hat{v}_k = \hat{u}_{0, k}, & D \times \{t = 0\} \end{cases} \quad (5.59)$$

其中，$\mathcal{L}$ 为微分算子；$\hat{u}_{0,k} = E[u_0 \Phi_k]/\gamma_k$ 是初始边界的 gPC 投影系数。

通过对上述方程 (5.59) 求数学期望，得到一组空间维数为 $\dim \mathbb{P}_N^d = \binom{N+d}{N}$，关于 gPC 系数 $\hat{v}_i$ 的耦合确定方程组系统。

例5.6 (随机常微分方程)　对于含正态分布的随机变量 $\alpha(Z) \sim \mathcal{N}(\mu, \sigma^2)$ 的常微分方程：

$$\frac{\mathrm{d}}{\mathrm{d}t} u(t, Z) = -\alpha(Z), \quad u(t=0) = u_0$$

首先，构建随机输入的多项式逼近：

$$\alpha \approx \alpha_N(Z) = \sum_{i=0}^{N} a_i \Phi_i(Z)$$

由于 α 符合正态分布，上式中的正交多项式为 Hermite 多项式：$\Phi_i(Z) \equiv H_i(Z)$。

接下来，构建系统解 u 的 N 阶 gPC 展开式 v_N：

$$u \approx v_N(t, Z) = \sum_{i=0}^{N} \hat{v}_i(t) H_i(Z)$$

利用其正交特性，可将原随机系统转化为确定系统：

$$E\left[\frac{\mathrm{d}v_N}{\mathrm{d}t} H_k\right] = E[-\alpha_N v_N H_k], \quad \forall k = 0, \cdots, N$$

代入 α_N 和 v_N 的表达式，上述系统简化为

$$\frac{\mathrm{d}\hat{v}_k}{\mathrm{d}t} = -\frac{1}{\gamma_k} \sum_{i=0}^{N} \sum_{j=0}^{N} a_i \hat{v}_j e_{ijk}, \quad \forall k = 0, \cdots, N \tag{5.60}$$

其中，γ_k 为标准化因子，e_{ijk} 表示常数：

$$e_{ijk} = E[H_i(Z) H_j(Z) H_k(Z)], \quad 0 \leqslant i, j, k \leqslant N \tag{5.61}$$

这些常数项可以通过数值积分获得。对于 Hermite 多项式特殊情况，也可以直接推导出上述常数的解析表达式。

$$\gamma_k = k!, \quad k \geqslant 0 \tag{5.62}$$

$$e_{ijk} = \frac{i!j!k!}{(s-i)!(s-j)!(s-k)!}, \quad s \geqslant i, j, k, \text{且 } 2s = i+j+k \text{ 为偶数} \quad (5.63)$$

对于随机伽辽金法所推导的上述关于系数 $\{\hat{v}_k(t)\}$ 的耦合方程，可以通过诸如 Runge-Kutta 等传统数值方法求解 [31]。

例5.7 (Saint Venant 方程) 随机伽辽金法也可用于非线性随机系统，例如，在初始条件为随机变量 α 的 Saint Venant 系统，即非线性双曲方程：

$$\frac{\partial u}{\partial t} + u^{\frac{3}{4}}\frac{\partial u}{\partial x} = S(x, t) \quad (5.64a)$$

$$\begin{cases} u(0, t) = \sin(\pi t) \\ u(x, 0) = \alpha \end{cases} \quad (5.64b)$$

这里的目标是构建系统解 u 的 N 阶 gPC 展开式 v_N：

$$u \approx v_N(x, t, Z) = \sum_{i=0}^{N} \hat{v}_i(x, t)\Phi_i(Z)$$

使得

$$E\left[\frac{\partial v_N}{\partial t}\Phi_k\right] + E\left[v_N^{\frac{3}{4}}\frac{\partial v_N}{\partial x}\Phi_k\right] = E[S\Phi_k], \quad k = 0, \cdots, N$$

将 v_N 表达式代入，并利用基函数之间的正交关系，可以得到关于系数 $\hat{v}_i$ 的耦合确定方程组：

$$\frac{\partial \hat{v}_k}{\partial t} + E\left[v_N^{\frac{3}{4}}\frac{\partial v_N}{\partial x}\Phi_k\right] = S\,E[\Phi_k], \quad k = 0, \cdots, N \quad (5.65)$$

需强调的是原方程中非线性项 $u^{3/4}\partial u/\partial x$ 的 gPC 投影：

$$E\left[v_N^{\frac{3}{4}}\frac{\partial v_N}{\partial x}\Phi_k\right] = \int \left[\sum_{i=0}^{N}\hat{v}_i\Phi_i(Z)\right]^{\frac{3}{4}} \sum_{j=0}^{N}\frac{\partial \hat{v}_j}{\partial x}\Phi_j(Z)\Phi_k(z)\,\mathrm{d}F_Z(z) \quad (5.66)$$

不能通过时间上的显性处理计算，需要使用数值积分法则对其进行数值逼近：

$$E\left[v_N^{\frac{3}{4}}\frac{\partial v_N}{\partial x}\Phi_k\right] \approx \sum_{j=1}^{Q}\left[v_N\left(z^{(j)}\right)\right]^{\frac{3}{4}}\frac{\partial v_N\left(z^{(j)}\right)}{\partial x}\Phi_k\left(z^{(j)}\right)w^{(j)} \quad (5.67)$$

其中 $z^{(j)}$ 和 $w^{(j)}$ 分别为数值积分法则所定义的节点和相应的权重。

5.3.2 随机配点法

随机配点法非常适用于拥有成熟确定算法的系统。由于该方法自提出后发展迅速[83]，本节将重点介绍其核心知识和部分主流数值方法。

对于含有一组相互独立随机变量 $Z = (Z_1, \cdots, Z_d) \in \mathbb{R}^d, d \leqslant 1$，定义在空间 $D \subset \mathbb{R}^\ell, \ell = 1, 2, 3$ 和 $T > 0$ 的随机控制系统：

$$\begin{cases} \dfrac{\partial}{\partial t} u(x, t, Z) = \mathcal{L}(u), & D \times (0, T] \times I_Z \\ u(\partial D, t)(u) = 0, & \partial D \times [0, T] \times I_Z \\ u(x, 0) = u_0, & D \times \{t = 0\} \times I_Z \end{cases} \quad (5.68)$$

其中，$I_Z \subset \mathbb{R}^d, d \geqslant 1$ 是 Z 的支撑。

随机配点法的目标是构建系统解 u 的 M 阶 gPC 展开式 $w(Z)$，保证其通过随机空间中预设的节点集：$\Theta_M = \{Z^{(j)}\}_{j=1}^{M} \subset I_Z$，在每个节点 $Z^{(j)}, j = 1, \cdots, M$ 满足原随机系统：

$$\begin{cases} u_t(x, t, Z_{(j)}) = \mathcal{L}(u), & D \times (0, T] \\ \mathcal{B}(u) = 0, & \partial D \times [0, T] \\ u = u_0, & D \times \{t = 0\} \end{cases} \quad (5.69)$$

对于每个 j，随机参数 z 的取值是固定的，上述系统 (5.69) 变为确定系统。虽然所有经典抽样方法都属于配点方法，例如蒙特卡罗抽样方法中，节点集合 Θ_M 通过 Z 的分布随机生成；确定抽样方法中，节点集合通常是定义在 I_Z 上的容积积分法则 (高维空间的面积积分法则) 的节点。但是它们的收敛性是基于解统计信息 (如统计矩) 的收敛性，即属于弱收敛。本节涉及的随机配点法大多运用经典多元逼近理论，战略性地配点节点以建立多项式逼近正确解，实现强收敛 (如均方收敛)：

$$\| w(Z) - u(Z) \|_{L^p} \to 0, \quad M \to \infty$$

插值法和离散投影法 (拟谱法) 是两大类高精度随机配点方法。本书将主要介绍前者，关于离散投影法的知识，可以查阅文献 [92-96]。

定义5.10(插值法) 对于给定的节点集合 $\Theta_M \subset I_Z$ 和 $\{u^{(j)}\}_{j=1}^{M}$，需要找到多项式 $w(Z) \in \Pi(Z)$ 以满足 $w(Z^{(j)}) = u^{(j)}, j = 1, \cdots, M$。

对于单随机变量的系统，可以使用 Lagrange 插值法，即用 Lagrange 多项式 $L_j(z)$ 构建 gPC 多项式 $w(Z)$：

$$w(Z) = \sum_{j=1}^{M} u(Z^{(j)})L_j(Z), \quad L_j(Z^{(i)}) = \delta_{ij}, \qquad 1 \leqslant i,j \leqslant M \tag{5.70}$$

对于多随机变量 $(d > 1)$ 的系统，可以使用矩阵反演法，即预设多项式插值的基函数。例如，使用一组 gPC 多项式基函数 $\Phi_k(Z)$ 来建立多项式作为 $u(Z)$ 的 gPC 逼近：

$$u(Z) \approx w_N(Z) = \sum_{|k|=0}^{N} \hat{\omega}_k \Phi_k(Z)$$

通过插值条件 $w(Z^{(j)}) = u^{(j)}$，可以得到关于未知系数 $\hat{w}$ 的方程：

$$\boldsymbol{A}^{\mathrm{T}} \hat{\boldsymbol{w}} = \boldsymbol{u}$$

其中 $\boldsymbol{A} = (\Phi_k Z^{(j)})$ 是类似 Vandermonde 的系数矩阵，$\boldsymbol{u} = (u(Z^{(1)}), \cdots, u(Z^{(M)}))^{\mathrm{T}}$。

为了防止问题变成矛盾方程组 (under-determined)，要求配点个数不小于 gPC 展开阶数，即 $M \geqslant \binom{N+d}{N}$。矩阵反演方法的好处在于插值多项式具有完整定义且是预设的。一旦节点集合给定，根据 $\boldsymbol{A}$ 的行列式是否为零，可以判断出插值是否存在。但是插值在节点之间可能会有很大误差，特别是在高维空间中尤为明显。插值的精度和节点的广义选择仍然是目前的研究热点。

对于上述两个方法涉及的多元随机变量问题，也可以从单变量插值开始一维一维地逐渐填满整个空间维数，从而最大化保留一维单变量插值的性质和误差估计。根据本章第一节的信息，也可以使用正交多项式 $\{\Phi_k(Z)\}$ 的零点作为插值法的高精度节点。下面将简单介绍这一思路。

定义5.11 张量积配点法　对于含有多随机变量 $d > 1$ 的目标函数 f，通过在全空间 $I_Z \subset \mathbb{R}_d$ 中，对其使用张量积插值算子 $Q_{m_i}, 1 \leqslant i \leqslant d$，使得

$$Q_M[f] = Q_{m_1} \otimes \cdots \otimes Q_{m_i} \otimes \cdots \otimes Q_{m_d}[f]$$

$Q_{m_i}[f] = \prod_{m_i} f(Z_i) \in \mathbb{P}_{m_i}(Z_i)$ 是通过节点集合 $\Theta_1^{m_i} = \left\{Z_i^{(1)}, \cdots Z_i^{(m_i)}\right\}$ 中 $m_i + 1$ 个不同节点所得到的 m_i 阶插值多项式。其总节点数 $M = m_1 \times \cdots \times m_d$，总节点集 $\Theta_M = \Theta_1^{m_1} \times \cdots \times \Theta_1^{m_d}$。

建立张量积以后,可以保留所有一维插值的性质,并能实现对全空间插值的误差估计。但是该方法的收敛速度会随着维度 d 的增加而快速变缓。例如,对于光滑程度为 $\alpha > 0$ 的函数 f,如果每一维取相同个数的节点,即 $m_1 = \cdots = m_d = m$,那么点的总数 $M = m^d$,所有点的总收敛速度为

$$(I - Q_M)[f] \propto M^{-\alpha/d}, \quad d \geqslant 1$$

可以看出,随着维数的增加,总点数呈现指数型增长,而每一个配点都要求对相应的确定系统进行全局模拟,会提高计算成本。因此,张量积方法多用于 $d < 5$ 的低维情况 [82]。

定义5.12 (稀疏网格配点法) Smolyak 稀疏网格配点法通过张量积建立所有张量网格中的一个子集:

$$Q_N = \sum_{N-d+1 \leqslant |\boldsymbol{i}| \leqslant N} (-1)^{N-|\boldsymbol{i}|} \cdot \binom{d-1}{N-|\boldsymbol{i}|} \cdot (Q_{i_1} \otimes \cdots \otimes Q_{i_d}) \quad (5.71)$$

其中,$N \geqslant d$ 表示整个节点集合的水平。上述节点集合 (稀疏网格) 可以表示为

$$\Theta_M = \bigcup_{N-d+1 \leqslant |\boldsymbol{i}| \leqslant N} (\Theta_1^{i_1} \otimes \cdots \otimes \Theta_1^{i_d}) \quad (5.72)$$

由于稀疏网格在每个维度使用了不同数量的节点进行插值,这些一维节点往往需要嵌套,以保证总节点数最小:

$$\Theta_1^i = \Theta_1^j, \quad i < j \quad (5.73)$$

但是在实际操作中,因为一维节点通常是正交多项式上的零点,所以上述嵌套条件 (5.73) 无法满足。

例5.8 (Clenshaw-Curtis 节点) 对于任意的 $1 \leqslant i \leqslant d$,Clenshaw-Curtis 节点定义如下:

$$Z_i^{(j)} = -\cos\frac{\pi(j-1)}{m_i^k - 1}, \quad j = 1, \cdots, m_i^k \quad (5.74)$$

其中,上角标 k 用来标注点集,m_i 来表示点的总数。令 $m_i^1 = 1, Z_i^{(1)} = 0$,如果点集成倍增长,即 $m_i^k = 2^{k-1} + 1$,点集将实现嵌套:$\Theta_1^k \subset \Theta_1^{k+1}$。这里的点集

标示 k 也通常被称为 Clenshaw-Curtis 的网格水平,即 k 越高,网格越好。关于 Clenshaw-Curtis 更多详细的讨论,请参阅文献 [97]。

如果使用 Clenshaw-Curtis 网格法作为一维节点,令 $N = b + k, k \geqslant 0$,那么 Smolyak 稀疏网格配点法 (5.71) 也能实现基础一维节点的嵌套:$\Theta_1^k \subset \Theta_1^{k+1}$。对于目标函数 $f \in \mathbb{P}_k^d$,Clenshaw-Curtis 稀疏网格可以实现完全插值[96]。

在高维空间 $d \gg 1$,节点总数满足以下估计:

$$M = \#\Theta_k \sim 2^k d^k / k!, \quad d \gg 1 \tag{5.75}$$

而空间的总维数:

$$\dim \mathbb{P}_k^d = \binom{d+k}{d} \sim d^k / k! \tag{5.76}$$

由于节点总数是空间维数的 2^k 倍,且独立于随机变量维度 d,Clenshaw-Curtis 网格被认为是最适合高维空间的方法,也是学界的研究热点。更多关于稀疏网格配点法的内容,请参阅文献 [97-99]。

5.3.3 随机伽辽金法与随机配点法的比较

随机伽辽金法根据原随机控制系统,构建 gPC 展开式系数的确定方程。其缺点是新方程系统的求解需要新代码的编写,特别是当原系统高度复杂且含非线性项时,相应工作量和不可避免的人为误差都会被放大。但是,在固定精度下,特别是高维随机空间中,随机伽辽金法只需求解最少数量的方程且提供最高的精度。

随机配点方法的目标是构建通过原随机控制系统节点集的 gPC 展开式。如果原随机系统拥有成熟确定的模拟软件,该方法不随原系统的复杂度和非线性而改变。模拟软件可以在每个节点上实现相互独立的平行运算,简单易行。但是,虽然该方法在节点处没有误差,所用的插值方法或离散投影却会通过节点集引入积分误差,而此类混淆误差在高维情况下会非常显著。

对于大尺度的高成本模拟,下列情形下选择随机伽辽金法[33]:

1) 新方程系统的耦合性不会增加额外的计算量和编码负担;
2) 新方程系统的耦合性可以被有效去除。

广义混沌多项式法近年来已成为参数不确定性量化的主流方法,并广泛应用于诸多行业。其代表性工作包括流体力学[60,100-105]、流固耦合[106]、波动方程双

曲 [107−109]、材料变形 [110, 111]、自然对流 [112]、逆问题的贝叶斯分析 [113−115]、多体动力学 [116, 117]、生物问题 [118, 119]、声学和电磁散射 [120−122]、多尺度模型 [123−127]、模型构建与简化 [128−130]、含粗糙边界的随机域 [131−134] 等。

数据同化

随着大数据时代的到来，数据同化已经成为连接模型数值模拟和数据取样的重要工具。卡尔曼滤波[135, 136]发源于线性系统的噪声测量，通过在每个时段对仿真结果和数据进行加权，最小化预测误差。在此基础上，针对非线性系统，研究人员先后提出了扩展卡尔曼滤波[137, 138]、集合卡尔曼滤波[139, 140]以及它的其他形式[141–145]。当前，数据同化已成为最为热门的应用方法之一。

6.1 基础理论

本节将讨论数据同化的基础理论，即卡尔曼滤波如何利用最优线性无偏估计来结合状态变量和观测值。

算法6.1 (卡尔曼滤波) 对于线性系统，在已知模型预测值和测量值以及它们各自的误差协方差的情况下，单模型卡尔曼滤波可以通过如下步骤实现：

1) 问题初始化

设 u^f 为模型预测值，d 为观测值，它们与真实值 u^t 之间有如下关系：

$$u^f = u^t + \epsilon_f \tag{6.1}$$

$$d = u^t + \epsilon_d \tag{6.2}$$

其中，两个正态分布随机变量 $\epsilon_f \sim \mathcal{N}(0, U), \epsilon_d \sim \mathcal{N}(0, D)$，$E[\boldsymbol{\epsilon}_f \boldsymbol{\epsilon}_d] = 0$，相互独立。

2) 线性估计

通过对预测值和观测值的线性组合，可以得到

$$u^a = u^t + \boldsymbol{\epsilon}_a = \alpha u^f + \beta d \tag{6.3}$$

这里引入新的正态分布随机变量：$\epsilon_a \sim \mathcal{N}(0, W)$。显然，上述线性估计 (6.3) 是无偏估计，即 $E[u^a] = E[u^t]$。

将式 (6.1) 代入式 (6.3) 得到：

$$u^t + \epsilon_a = \alpha(u^t + \epsilon_f) + \beta(u^t + \epsilon_d) \tag{6.4}$$

对两边取均值，则 $\alpha = 1 - \beta$。这里无偏估计为分析值 u_a：

$$u_a = u^f + \beta(u^f - d) \tag{6.5}$$

同时，分析误差的表达式为

$$w = \varepsilon_f + \beta(\epsilon_d - \epsilon_f) \tag{6.6}$$

根据式 (6.6) 得到方差：

$$\begin{aligned} W = E[w^2] &= E\left[(\epsilon_f + \beta(\epsilon_d - \epsilon_f))^2\right] \\ &= E\left[\epsilon_f^2\right] + 2\beta E\left[\epsilon_f(\epsilon_d - \epsilon_f)\right] + \beta^2 E\left[\epsilon_d^2 - 2\epsilon_d\epsilon_f + \epsilon_f^2\right] \\ &= U - 2\beta U + \beta^2(D + U) \end{aligned} \tag{6.7}$$

3) 最优解

对方差函数 W 最小化，即对式 (6.7) 关于 β 求导

$$\mathrm{d}W(\beta) = -2\beta U + 2\beta(U + D) = 0 \tag{6.8}$$

由此解得

$$\beta = \frac{U}{U + D} \tag{6.9}$$

故最优线性无偏估计以及方差为

$$w = u^f + \frac{U}{U + D}(d - u^f) \tag{6.10}$$

$$W = U\left(1 - \frac{U}{U + D}\right) \tag{6.11}$$

6.2 多模型数据同化

数据同化的快速发展取得了很多成果，但很少有工作专注于多模型数据同化的问题。对于统计测量，贝叶斯模型平均[146]和贝叶斯方法[147]分别计算点预测和分布预测。在动力场中，数据顺序到达，出现了动态模型平均[148]、交互多模型滤波[149]和通用伪随机贝叶斯框架[150]等方法。这些方法的局限是其模型平均权重为标量值，因此，同化过程是固定的，无法适应变化的框架。这里贝叶斯模型平均框架表示所有仿真结果的凸平均，换句话说，当所有模型一致偏向于一个预测方向时，多模型平均结果不会优于最好的单个模型。

6.2.1 多模型卡尔曼滤波

针对现有方法的弱点，一种基于卡尔曼滤波的新型多模型数据同化框架已被提出[151]。此方法通过最小化方差函数给出了多个模型和数据的通用融合形式，赋予它们不同的权重：

$$u^a = \sum_{m=1}^{M} \alpha_m u_m^f + \beta d \tag{6.12}$$

此处，$u_1, \cdots, u_M$ 为 M 个模型的预测值，d 为观测值。通过上述方法，可知最终的分析值 u_a 是多个模型预测值和数据的线性组合。和上节的单模型问题一样，可以通过分析协方差函数进行最小化得到组合系数。

令 $\boldsymbol{u}_T \in \mathbb{R}^{N_t}$，$N_t \geqslant 1$ 为目标系统的真实状态。控制系统的真实动态变化过程不完全可知，但可以用数学模型 $g_m[\cdot]$ 近似，设其离散时间形式为

$$\boldsymbol{u}_T(t+1) = g_m\left[\boldsymbol{u}_T(t)\right] + \boldsymbol{\varepsilon}_m(t), \quad m = 1, \cdots, M \tag{6.13}$$

其中，$\boldsymbol{\varepsilon}_m(t) \in \mathbb{R}^{N_m}$ 是一个零均值随机场，表示每个模型的误差。

虽然系统的真实状态通常是未知的，但是模型可以提供初始预测 $\boldsymbol{u}_m(t) \in \mathbb{R}^{N_m}$：

$$\boldsymbol{u}_m(t+1) = g_m\left[\boldsymbol{u}_m(t)\right] \tag{6.14}$$

这里，预测状态为一个随机变量。

如果考虑线性模型情况，在任意时刻，预测状态 $\boldsymbol{u}_m$ 和真实状态 $\boldsymbol{u}_T$ 是线性相关的：

$$\boldsymbol{u}_m = \mathcal{H}_m \boldsymbol{u}_T + \boldsymbol{\varepsilon}_m, \quad E[\boldsymbol{\varepsilon}_d] = \boldsymbol{0} \tag{6.15}$$

它们之间的误差可以用一个随机量 $\boldsymbol{\varepsilon}_m$ 表示,协方差矩阵 $\boldsymbol{U}_m \in \mathbb{R}^{N_m \times N_m}$ 表示。

除了模型预测信息,还有测量值 $\boldsymbol{d} \in \mathbb{R}^{N_d}(N_d \geqslant 1)$ 可供利用。但是它会受到各种不确定因素的影响,如测量工具误差和数值舍入误差等。所以,对测量数据的误差统计建模为一个均值为零的随机过程:$\boldsymbol{\varepsilon}_d \in \mathbb{R}^{N_d}$。其协方差矩阵是:$\boldsymbol{D} = E[\boldsymbol{\varepsilon}_d \boldsymbol{\varepsilon}_d^{\mathrm{T}}] \in \mathbb{R}^{N_d \times N_d}$。

$$\boldsymbol{d} = \mathcal{H}_d(\boldsymbol{u}_T) + \boldsymbol{\varepsilon}_d, \quad E[\boldsymbol{\varepsilon}_d] = \boldsymbol{0} \tag{6.16}$$

算子 $\mathcal{H}_d(\cdot)$ 可以是线性或非线性的 [152]。为了便于表达,此处仅考虑线性情况 $\mathcal{H}_d = \boldsymbol{H}$。

数据同化的目标是通过模型预测和数据的同化,计算出一个在任意时间 t 与真实状态接近的分析状态 $\boldsymbol{w} \in \mathbb{R}^{N_t}$:

$$\boldsymbol{u}_T(t) \approx \boldsymbol{w}(t) = \mathcal{L}\left[\boldsymbol{u}_m(t), \boldsymbol{d}\right] \tag{6.17}$$

其误差协方差矩阵可以表示为 $\boldsymbol{W} \in \mathbb{R}^{N_t \times N_t}$。状态 $\boldsymbol{w}$ 通过对同化目标函数 $\mathcal{L}(\cdot)$ 进行最小化而得到,它的线性模型标准形式为

$$\mathcal{J}[\boldsymbol{w}] = \sum_{m=1}^{M} (\boldsymbol{H}_m \boldsymbol{w} - \boldsymbol{u}_m)^{\mathrm{T}} \boldsymbol{U}_m^{-1} (\boldsymbol{H}_m \boldsymbol{w} - \boldsymbol{u}_m) + (\boldsymbol{H}\boldsymbol{w} - \boldsymbol{d})^{\mathrm{T}} \boldsymbol{D}^{-1} (\boldsymbol{H}\boldsymbol{w} - \boldsymbol{d}) \tag{6.18}$$

其中,函数 $\mathcal{J}[\boldsymbol{w}]$ 表示 $\boldsymbol{w}$ 与 $\boldsymbol{u}$ 和 $\boldsymbol{d}$ 之间的马氏距离。这里的目标就是找到一个接近这两个状态的中间状态 $\boldsymbol{w}$。

也可以把上述分析状态 $\boldsymbol{w}$ 的计算看作贝叶斯更新,即 $\boldsymbol{u}$ 以及它的协方差为状态空间的先验高斯分布,$\boldsymbol{d}$ 是关于真实状态的高斯扰动测量值,因此,可以计算观测数据的似然函数。分析状态 $\boldsymbol{w}$ 是最大后验概率,即似然函数的对数最小值。

需要注意的是当前时刻分析状态和真实状态的差值会影响下一时刻的模型预测及其协方差

$$\boldsymbol{u}_T(t+1) - \boldsymbol{u}_m(t+1) = g_m\left[\boldsymbol{u}_T(t)\right] - g_m\left[\boldsymbol{w}(t)\right] + \boldsymbol{\varepsilon}_m(t) \tag{6.19}$$

算法6.2(迭代同化方法) 上述多模型数据同化的计算框架可以通过以下迭代线性算法实现 (仿真迭代步数 $t \geqslant 1$):

1) 初始化

按照标准卡尔曼滤波更新的步骤，利用任意一个模型预测 u_1 和数据 d 计算得到分析状态 w_1 和它的协方差 W_1：

$$\begin{aligned}
\boldsymbol{K}_1 &= \boldsymbol{U}_1 \boldsymbol{H}^{\mathrm{T}} (\boldsymbol{H}\boldsymbol{U}_1\boldsymbol{H}^{\mathrm{T}} + \boldsymbol{D})^{-1} \\
\boldsymbol{w}_1 &= \boldsymbol{u}_1 + \boldsymbol{K}_1(\boldsymbol{d} - \boldsymbol{H}\boldsymbol{u}_1) \\
\boldsymbol{W}_1 &= (\boldsymbol{I} - \boldsymbol{K}_1\boldsymbol{H})\boldsymbol{U}_1(\boldsymbol{I} - \boldsymbol{K}_1\boldsymbol{H})^{\mathrm{T}} + \boldsymbol{K}_1\boldsymbol{D}\boldsymbol{K}_1^{\mathrm{T}} = (\boldsymbol{I} - \boldsymbol{K}_1\boldsymbol{H})\boldsymbol{U}_1
\end{aligned} \qquad (6.20)$$

2) 迭代

将先前的分析状态 w_1 看作模型预测，将另一个模型预测 u_2 看作数据，按照标准卡尔曼滤波进行同化，得到新的分析状态 w_2 和它的协方差 W_2。以此重复所有模型 $m = 2, \cdots, M$：

$$\begin{aligned}
\boldsymbol{K}_m &= \boldsymbol{W}_{m-1}\boldsymbol{H}_m^{\mathrm{T}} \left(\boldsymbol{H}_m\boldsymbol{W}_{m-1}\boldsymbol{H}_m^{\mathrm{T}} + \boldsymbol{U}_m\right)^{\dagger} \\
\boldsymbol{w}_m &= \boldsymbol{w}_{m-1} + \boldsymbol{K}_m(\boldsymbol{u}_m - \boldsymbol{H}_m\boldsymbol{w}_{m-1}) \\
&= \boldsymbol{w}_{m-1} + \boldsymbol{W}_{m-1}\boldsymbol{H}_m^{\mathrm{T}} \left(\boldsymbol{H}_m\boldsymbol{W}_{m-1}\boldsymbol{H}_m^{\mathrm{T}} + \boldsymbol{U}_m\right)^{\dagger} (\boldsymbol{u}_m - \boldsymbol{H}_m\boldsymbol{w}_{m-1}) \\
\boldsymbol{W}_m &= (\boldsymbol{I} - \boldsymbol{K}_m\boldsymbol{H}_m)\boldsymbol{W}_{m-1} \\
&= \boldsymbol{W}_{m-1} - \boldsymbol{W}_{m-1}\boldsymbol{H}_m^{\mathrm{T}} \left(\boldsymbol{H}_m\boldsymbol{W}_{m-1}\boldsymbol{H}_m^{\mathrm{T}} + \boldsymbol{U}_m\right)^{\dagger} \boldsymbol{H}_m\boldsymbol{W}_{m-1}
\end{aligned} \qquad (6.21)$$

3) 预测

用式 (6.14) 和式 (6.19) 计算所有模型的预测状态值 $u(t+1)$，更新下一时刻的误差协方差矩阵 $U(t+1)$：

$$\begin{aligned}
\boldsymbol{u}_m(t+1) &= \boldsymbol{H}_m \boldsymbol{w}_M(t) \\
\boldsymbol{U}_m(t+1) &= \boldsymbol{H}_m \, \boldsymbol{H}_m^{\mathrm{T}} \, \boldsymbol{W}_M(t) + E\left[\boldsymbol{\varepsilon}_m(t)\boldsymbol{\varepsilon}_m^{\mathrm{T}}(t)\right]
\end{aligned} \qquad (6.22)$$

上述算法框架在本质上是标准卡尔曼滤波对每个新模型的顺序实现，且最后的同化结果 w_M 与模型或数据的顺序无关。这种迭代模式可以用于同化模型子集、数据等所有可用信息。尽管这种多模型同化框架是基于线性滤波技术，但是它不被束缚于协方差的传播形式，因而可以很容易地延伸到卡尔曼滤波的其他变形形式。

6.2.2 多模型扩展卡尔曼滤波

扩展卡尔曼滤波是针对非线性系统的数据同化技术，核心思想是对非线性模型进行线性化近似，用以传播状态和协方差。与卡尔曼滤波的先验线性算子不同，扩展卡尔曼滤波只需计算算子的二阶微分，例如，$g'_m \equiv \mathrm{d} g_m/\mathrm{d} x_m$，然后通过泰勒展开来表示系统真实状态：

$$g_m\left[\boldsymbol{u}_T(t)\right] \approx g_m\left[\boldsymbol{w}(t)\right] + g'_m\left[\boldsymbol{w}(t)\right]\left[\boldsymbol{u}_T(t)-\boldsymbol{w}(t)\right] \tag{6.23}$$

多模型扩展卡尔曼滤波的实现与多模型卡尔曼滤波算法相似 (即迭代同化方法)：在预测步骤中，模型预测为式 (6.14)，在计算预测协方差矩阵 $\boldsymbol{U}_m(t+1)$ [式 (6.22)] 时，用式 (6.23) 替代式 (6.19)：

$$\boldsymbol{U}_m(t+1) = E\left[\left(\boldsymbol{u}_T(t+1)-\boldsymbol{u}_m(t+1)\right)^2\right] \tag{6.24}$$

$$= E\left[\left(g'_m\left[\boldsymbol{w}(t)\right]\left[\boldsymbol{u}_T(t)-\boldsymbol{w}(t)\right]+\boldsymbol{\varepsilon}_m(t)\right)^2\right] \tag{6.25}$$

$$= g'_m\left[\boldsymbol{w}(t)\right]\, g'^{\mathrm{T}}_m\left[\boldsymbol{w}(t)\right]\, \boldsymbol{W}(t) + E\left[\boldsymbol{\varepsilon}_m(t)\,\boldsymbol{\varepsilon}^{\mathrm{T}}_m(t)\right] \tag{6.26}$$

对于高维非线性动态模型的数据同化，扩展卡尔曼滤波主要有两个缺点[140]：

1) 高维情况下需要耗费大量的存储和计算。对于单个模型，如果动态模型含有 n 个未知状态变量，则误差协方差矩阵有 n^2 个未知数；同时，误差协方差的计算涉及许多矩阵运算。由于多模型同化的存储和计算是单个模型的倍数，所以在实际应用中多用于低维动态模型。

2) 线性化处理误差协方差存在着传播误差。在推导误差协方差的传播方程时，线性化处理将引入误差，且部分模型的误差协方差可能不稳定，这就需要更高阶的闭包格式。而高阶矩意味着大量存储，如四阶矩需要存储 n^4 个数。因此，使用扩展卡尔曼滤波需要考虑闭包形式与误差协方差传播方程的一致性。

例6.1 (Richards 简化模型的多模型扩展卡尔曼滤波数据同化) Richards 方程是一个非线性对流扩散方程，它表征了非饱和土壤含水量演化过程 $\theta(\boldsymbol{x},t)$：

$$\frac{\partial \theta}{\partial t} = \nabla \cdot (K\nabla \psi) - \frac{\partial K}{\partial x_3}, \quad \boldsymbol{x} \in \mathcal{D} = \{-L \leqslant x_1 \leqslant L, 0 \leqslant x_3 \leqslant \infty\}, \quad t > 0 \tag{6.27a}$$

$$\theta(\boldsymbol{x},0) = \theta_{\mathrm{init}}, \qquad \theta(x_1, x_3 = \infty, t) = \theta_{\mathrm{init}} \tag{6.27b}$$

$$\psi(x_1, x_3 = 0, t) = \psi_0, \qquad \frac{\partial \psi}{\partial x_3}(x_1 = \pm L, x_3, t) = 0 \tag{6.27c}$$

通过求解上式的 θ，希望得到渗透率 $i(t)$ 随时间的变化：

$$i(t) = (\phi - \theta_{\text{init}})\frac{\mathrm{d}x_f}{\mathrm{d}t} = (\phi - \theta_{\text{init}})\frac{\mathrm{d}}{\mathrm{d}t}\int_0^\infty \frac{\theta - \theta_{\text{init}}}{\phi - \theta_{\text{init}}}\mathrm{d}x_3 \tag{6.28}$$

由于 Richards 较为复杂，水文学家开发了简化模型以迅速求得渗透率的预估值。这里，考虑 Green-Ampt 模型和 Parlange 模型：

$$\text{Green-Ampt}: \quad \frac{\mathrm{d}i}{\mathrm{d}t} = -\frac{i(i - K_s)^2}{K_s(\phi - \theta_{\text{init}})(\psi_0 - \psi_f)} \tag{6.29}$$

$$\text{Parlange}: \quad \frac{\mathrm{d}i}{\mathrm{d}t} = \frac{2i^2(i - K_s)^2}{S^2(K_s - i) - 2K_s(\phi - \theta_{\text{init}})(\psi_0 i + \psi_j K_s)} \tag{6.30}$$

图 6.1 描述了三种模型计算所得的渗透率的比较。与 Richards 方程的解相比，两个简化模型在起始阶段近似得很好，但随着时间的增加，误差也随之增大，两者均低估了渗透率。在稍后的时间中，两者与 Richards 方程解的差距逐渐缩小。

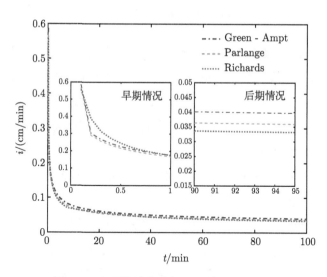

图 6.1 三种模型渗透率 $i(t)$ 随时间的变化

下面展示了多模型扩展卡尔曼滤波算法对 Green-Ampt 模型和 Parlange 模型的预测信息及带有误差的观测值 (带有扰动的 Richards 方程解) 的同化效果。此处 Richards 方程解将作为系统的真实状态。通过图 6.2 可以看出，上述多模型扩展卡尔曼滤波算法在观测值出现时，更新了两个简化模型的预测，使得同化结果尽量接近系统真实状态。

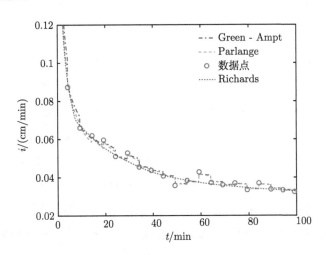

图 6.2 多模型扩展卡尔曼滤波同化后渗透率 $i(t)$ 随时间的演变

6.2.3 多模型集合卡尔曼滤波

集合卡尔曼滤波是非线性系统中贝叶斯更新问题的蒙特卡罗实现。其假设分析状态和模型误差为高斯分布的随机过程，对每个模型预测，用样本协方差代替预测协方差矩阵 U_m。集合卡尔曼滤波的多模型同化过程如下：

1) 当仿真步数 $n = 0$ 时，采样。

用均值为 $u^T(0)$，协方差为 W 的高斯分布 $\mathcal{N}$ 产生 N_a 个初始状态样本点。

$$w^i(0) \sim \mathcal{N}\left(u^T(0), W\right), \quad i = 1, \cdots, N_a \tag{6.31}$$

2) 当仿真步数 $n > 0$ 时，包括两个步骤：

① 预测。

用 $w^i(n-1)$ 对每一个样本点进行模型预测值的计算：

$$u_m^i(n) = g_m\left[w^i(n-1)\right] + \varepsilon_m^i(n) \tag{6.32}$$

$U_m^i(n)$ 是 $M \times N_a$ 的模型预测值的集合，其均值和协方差矩阵为

$$\begin{aligned} E\left[u_m(n)\right] &= \frac{1}{N_a}\sum_{i=1}^{N_a} u_m^i(n) \\ U_m(n) &= E\left(\left\{u_m^i(n) - E\left[u_m(n)\right]\right\}\left\{u_m^i(n) - E\left[u_m(n)\right]\right\}^{\mathrm{T}}\right) \end{aligned} \tag{6.33}$$

② 同化。

利用式 (6.20) 和式 (6.21) 同化每个样本的模型预测 $\{u_1^i(n),\cdots,u_M^i(n)\}$ 和数据 d，得到 N_a 个分析状态 $w^i(n), i=1,\cdots,N_a$，对所有样本可以并行实现。

例6.2 (Richards 简化模型的多模型集合卡尔曼滤波数据同化) 延续上个关于渗透率的同化问题，使用本节中多模型集合卡尔曼滤波算法对 Green-Ampt 模型和 Parlange 模型的预测信息及带有误差的观测值 (带有扰动的 Richards 方程解) 进行同化。此处 Richards 方程解依然作为系统的真实状态。图 6.3 展示了多模型集合卡尔曼滤波的同化效果。可以看出在滤波的纠正下，简化模型的分析结果更加接近真实状态。与多模型扩展卡尔曼滤波相比，该纠正行为在出现数据点时更加迅速 (锯齿形)。

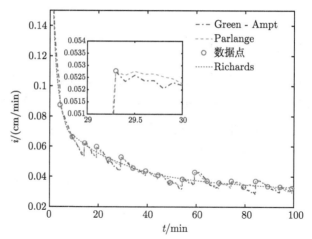

图 6.3　多模型集合卡尔曼滤波同化后渗透率 $i(t)$ 随时间的演变

相对于扩展卡尔曼滤波，集合卡尔曼滤波没有线性化或闭包近似所引起的问题，即截断误差的传播和高维空间误差协方差矩阵引入的计算与存储问题。它唯一的误差来源是集合点的数量 N，即当集合数量增加 N 时，蒙特卡罗采样误差将减少 $\sqrt{N}$ 倍。集合卡尔曼滤波技术相当于应用马尔可夫链蒙特卡罗 (Markov Chain Monte Carlo) 方法求解福克-普朗克方程 (Fokker-Planck equation) [139]。由于福克-普朗克方程的推导建立于模型误差是高斯分布的假设，所以集合卡尔曼滤波不适宜于含非高斯随机变量的系统。

6.2.4 多模型粒子滤波

粒子滤波 (也称顺序蒙特卡罗) 是一种广泛用于信号和图像处理、分子化学、生物信息、经济和数学金融的数据同化方法。与集合卡尔曼滤波类似,它利用大量粒子的分布来表示分析状态的分布。在没有对模型和状态分布进行假设的情况下,该方法在数据到来时对粒子进行重新采样。其多模型同化可以按照如下格式来实现:

1) 当仿真步数 $n=0$ 时,采样。用先验分布和初始值产生分析状态的 N_a 个粒子 (样本)。

2) 当仿真步数为 $n>0$ 时:

① 预测。将所有的分析状态样本代入式 (6.32),然后计算模型的预测 $\{u_m^i(n)|m=1,\cdots,M;i=1,\cdots,N_a\}$。

② 同化。计算所有粒子和模型的中间权重,$i=1,\cdots,N_a$。

$$\omega_1^i \propto P(\boldsymbol{d}\,|\,\boldsymbol{u}_1^i) \tag{6.34a}$$

$$\omega_m^i \propto P\left(\sum_{j=1}^{N_a}\frac{u_m^j}{N_a}\,|\,\boldsymbol{u}_1^i\right),\quad m=2,\cdots,M \tag{6.34b}$$

计算每个粒子的后验权重,$i=1,\cdots,N_a$。

$$\omega_i = \omega_1^i \cdot \omega_2^i \cdots \omega_M^i \tag{6.35a}$$

$$\tilde{\omega}^i = \omega_i \Big/ \sum_{j=1}^{N_a} \omega_j \tag{6.35b}$$

③ 重采样。根据后验似然函数产生 N_a 个粒子作为新的样本:$\{\tilde{\omega}^i, i=1,\cdots,N_a\}$。

例6.3 (Richards 简化模型的多模型粒子滤波数据同化) 通过前边的渗透率的问题,检验多模型粒子滤波的同化效果。从上述迭代算法可以看出,在每个时间步长上,参考模型 u_1^i (6.34) 的选择将直接影响分析状态权重的计算和同化的效果。图 6.4 描述了多模型粒子滤波同化后渗透率 $i(\tau)$ 随时间的演变。其中图 6.4(a) 的参考模型为 Green-Ampt,图 6.4(b) 的参考模型为 Parlange。虽然两图在整体上很类似,但细节上略有差距,在中间时间段,即简化模型预测效果较差的时刻,参考模型会放大该模型的同化误差。需要指出的是,目前参考模型的选择仍然是一个具有挑战性的开放问题,还未有广义上的结论和分析。

综上所述，多模型滤波的选择很大程度上取决于所研究的随机系统。卡尔曼滤波、扩展卡尔曼滤波、集合卡尔曼滤波均针对含高斯分布随机变量的系统，且主要对线性系统有较好的效果。粒子滤波对系统随机变量的概率分布类型及系统是否线性并没有要求，但其计算成本很高，对于无噪声模型通常得不到精确的结果 [153]。

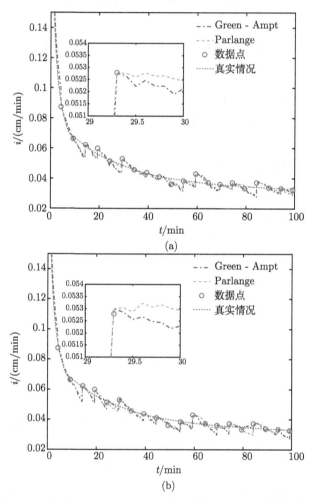

图 6.4 多模型粒子滤波同化后渗透率 $i(t)$ 随时间的演变

参 考 文 献

[1] Wiener N. The homogeneous chaos[J]. American Journal of Mathematics, 1938, 60(4).897-936.

[2] Kampen N G V, Reinhardt W P. Stochastic processes in physics and chemistry[M]. North-Holland:Elsevier, 1981.

[3] National Research Council. The mathematical sciences in 2025[M]. Washington D.C.:National Academies Press, 2013.

[4] Modgil G, Crossley W A, Xiu D. Design optimization of a high-pressure turbine blade using generalized polynomial chaos (gPC)[C].Orlando,Florida:10th World Congress on Structural and Multidisciplinary Optimization,2013.

[5] Winter C L, Tartakovsky D M. A reduced complexity model for probabilistic risk assessment of groundwater contamination[J]. Water Resources Research, 2008, 44(6):128-134.

[6] Gardiner C W. Handbook of stochastic methods for physics, chemistry, and the natural sciences[M]. Berlin:Springer-Verlag, 1983.

[7] Karatzas I, Shreve S E. Brownian motion and stochastic calculus [M].Berlin: Springer-Verlag, 1988.

[8] Kloeden P E, Platen E. Numerical solution of stochastic differential equations[M]. Berlin:Springer-Verlag, 1992.

[9] Oksendal B. Stochastic differential equations : an introduction with applications[M].Berlin: Springer-Verlag, 1995.

[10] Loh W L. On latin hypercube sampling[J]. The Annals of Statistics, 1996, 24(5):2058-2080.

[11] Stein M. Large sample properties of simulations using Latin Hypercube Sampling[J]. Technometrics,1987, 29(2):143-151.

[12] Fox B L. Strategies for Quasi-Monte Carlo[M]. Dordrecht :Kluwer Academic, 1999.

[13] Niederreiter H. Random number generation and Quasi-Monte Carlo methods[J]. Journal of the American Statistical Association, 1992, 88(89):147-153.

[14] Niederreiter H, Hellekalek P, Larcher G, et al. Monte Carlo and Quasi-Monte Carlo methods 1996[M].Berlin: Springer-Verlag, 1998.

[15] Kleiber M, Hien T D. The stochastic finite element method: for use on IBM PC/XT[M]. NewYork: John Wiley & Sons, Inc., 1992.

[16] Liu W K, Belytschko T, Mani A. Probabilistic finite elements for nonlinear structural dynamics[J]. Computer Methods in Applied Mechanics and Engineering, 1986, 56(1): 61-81.

[17] Liu W K, Belytschko T, Mani A. Random field finite elements[J]. International Journal for Numerical Methods in Engineering, 1986, 23(10): 1831-1845.

[18] Shinozuka M, Deodatis G. Response variability of stochastic finite element systems[J]. Journal of Engineering Mechanics, 1988, 114(3): 499-519.

[19] Yamazaki F, Shinozuka M, Dasgupta G. Neumann expansion for stochastic finite element

analysis[J]. Journal of Engineering Mechanics, 1988, 114(8): 1335-1354.

[20] Deodatis G. Weighted integral method. I: stochastic stiffness matrix[J]. Journal of Engineering Mechanics, 1991, 117(8): 1851-1864.

[21] Deodatis G, Shinozuka M. Weighted integral method. II: response variability and reliability[J]. Journal of Engineering Mechanics, 1991, 117(8): 1865-1877.

[22] Hänggi P. Correlation functions and masterequations of generalized (non-Markovian) Langevin equations[J]. Zeitschrift für Physik B Condensed Matter, 1978, 31(4): 407-416.

[23] Risken H. The Fokker-Planck equation:Methods of solution and applications[M].Berlin: Springer-Verlag, 1989.

[24] Shvidler M, Karasaki K. Probability density functions for solute transport in random field[J]. Transport in porous media, 2003, 50(3): 243-266.

[25] Pope S B. Turbulent flows[M]. Cambridge: Cambridge University Press,2000.

[26] Tartakovsky D M, Lichtner P C, Pawar R J. PDF methods for reactive transport in porous media[J]. IAHS Publication, 2003: 162-167.

[27] Tartakovsky D M, Broyda S. PDF equations for advective–reactive transport in heterogeneous porous media with uncertain properties[J]. Journal of Contaminant Hydrology, 2011, 120: 129-140.

[28] Wang P, Tartakovsky D M. Uncertainty quantification in kinematic-wave models[J]. Journal of Computational Physics, 2012, 231(23): 7868-7880.

[29] Venturi D, Sapsis T P, Cho H, et al. A computable evolution equation for the joint response-excitation probability density function of stochastic dynamical systems[J]. Proc. R. Soc. A, 2012, 468(2139): 759-783.

[30] Wang P, Tartakovsky A M, Tartakovsky D M. Probability density function method for Langevin equations with colored noise[J]. Physical Review Letters, 2013, 110: 140602.

[31] Xiu D, Karniadakis G E. The Wiener–Askey polynomial chaos for stochastic differential equations[J]. SIAM Journal on Scientific Computing, 2002, 24(2): 619-644.

[32] Ghanem R G, Spanos P D. Stochastic finite elements: a spectral approach[M]. Berlin: Springer-Verlag,1991.

[33] Xiu D. Numerical methods for stochastic computations: a spectral method approach[M]. Princeton, New Jersey: Princeton University Press, 2010.

[34] Anderson T W, Anderson T W, Anderson T W, et al. An introduction to multivariate statistical analysis[M]. New York: Wiley, 1958.

[35] Rosenblatt M. Remarks on a multivariate transformation[J]. The Annals of Mathematical Statistics, 1952, 23(3): 470-472.

[36] Loève M. Probability theory[M]. Berlin: Springer-Verlag,1978.

[37] Schwab C, Todor R A. Karhunen–Loève approximation of random fields by generalized fast multipole methods[J]. Journal of Computational Physics, 2006, 217(1): 100-122.

[38] Devroye L. Non-uniform random variate generation[J]. Journal of Physics C Solid State Physics, 1990, 3(24): 33-45.

[39] Gentle J E. Random number generation and Monte Carlo methods[M]. Berlin: Springer-Verlag, 2006.

[40] Hörmann W, Leydold J, Derflinger G. Automatic nonuniform random variate generation[M]. Berlin: Springer-Verlag, 2006.

[41] Knuth D E. The art of computer programming[M]. Upper Saddle River: Addison-Wesley, 1973.

[42] L'Ecuyer P. Uniform random number generation[J]. Handbooks in Operations Research and Management Science, 2006, 13: 55-81.

[43] Ripley B D. Stochastic simulation[J]. Technometrics, 1989, 30(2):231-232.

[44] Wang P, Tartakovsky D M, Jarman K D, et al. CDF solutions of Buckley–Leverett equation with uncertain parameters[J]. Multiscale Modeling & Simulation, 2013, 11(1): 118-133.

[45] Venturi D, Tartakovsky D M, Tartakovsky A M, et al. Exact PDF equations and closure approximations for advective-reactive transport[J]. Journal of Computational Physics, 2013, 243(243):323-343.

[46] Kraichnan R H. Eddy viscosity and diffusivity: exact formulas and approximations[J]. Complex Systems, 1987, 1(4): 805-820.

[47] Neuman S P. Eulerian-Lagrangian Theory of transport in space-time nonstationary velocity fields: exact nonlocal formalism by conditional moments and weak approximation[J]. Water Resources Research, 1993, 29(3):633-645.

[48] Tartakovsky D M, Dentz M, Lichtner P C. Probability density functions for advective-reactive transport with uncertain reaction rates[J]. Water Resources Research, 2009, 45(7): 831-839.

[49] Barajas-Solano D A, Tartakovsky A M. Probability and cumulative density function methods for the stochastic advection-reaction equation[J]. Physical Review E, 2018, 6(1): 180-212.

[50] Noise in Nonlinear Dynamical Systems: theory of noise induced processes in special applications[M]. Cambridge: Cambridge University Press, 1989.

[51] Jacob. Dynamics of fluids in porous media[M]. NewYork: Elsevier, 1972.

[52] Smoller J. Shock waves and reaction—diffusion equations[M]. Newyork: Springer-Verlag,1983.

[53] Cameron R H, Martin W T. The orthogonal development of non-linear functionals in series of Fourier-Hermite functionals[J]. Annals of Mathematics, 1947: 385-392.

[54] Ghanem R. Stochastic finite elements with multiple random non-Gaussian properties[J]. Journal of Engineering Mechanics, 1999, 125(1): 26-40.

[55] Ghanem R. Scales of fluctuation and the propagation of uncertainty in random porous media[J]. Water Resources Research, 1998, 34(9): 2123-2136.

[56] Ghanem R, Red-Horse J. Propagation of probabilistic uncertainty in complex physical systems using a stochastic finite element approach[J]. Physica D: Nonlinear Phenomena, 1999, 133(1-

4): 137-144.

[57] Chorin A J. Gaussian fields and random flow[J]. Journal of Fluid Mechanics, 1974, 63(1): 21-32.

[58] Orszag S A, Bissonnette L R. Dynamical properties of truncated Wiener-Hermite expansions[J]. The Physics of Fluids, 1967, 10(12): 2603-2613.

[59] Xiu D, Karniadakis G E. Modeling uncertainty in steady state diffusion problems via generalized polynomial chaos[J]. Computer Methods in Applied Mechanics and Engineering, 2002, 191(43): 4927-4948.

[60] Xiu D, Karniadakis G E. Modeling uncertainty in flow simulations via generalized polynomial chaos[J]. Journal of Computational Physics, 2003, 187(1): 137-167.

[61] Babuska I, Tempone R, Zouraris G E. Galerkin finite element approximations of stochastic elliptic partial differential equations[J]. SIAM Journal on Numerical Analysis, 2004, 42(2): 800-825.

[62] Schwab C, Todor R A. Sparse finite elements for elliptic problems with stochastic loading[J]. Numerische Mathematik, 2003, 95(4): 707-734.

[63] Le Maitre O P, Knio O M, Najm H N, et al. Uncertainty propagation using Wiener–Haar expansions[J]. Journal of Computational Physics, 2004, 197(1): 28-57.

[64] Le Maitre O P, Najm H N, Ghanem R G, et al. Multi-resolution analysis of Wiener-type uncertainty propagation schemes[J]. Journal of Computational Physics, 2004, 197(2): 502-531.

[65] Wan X, Karniadakis G E. An adaptive multi-element generalized polynomial chaos method for stochastic differential equations[J]. Journal of Computational Physics, 2005, 209(2): 617-642.

[66] Wan X, Karniadakis G E. Multi-element generalized polynomial chaos for arbitrary probability measures[J]. SIAM Journal on Scientific Computing, 2006, 28(3): 901-928.

[67] Szeg G. Orthogonal polynomials[M]. Providence,RI:American Mathematical Society, 1939.

[68] Beckmann P. Orthogonal polynomials for engineers and physicists[M]. Boulder, Colorado:Golem Press, 1973.

[69] Cheney E W. Introduction to approximation theory[M].New York:McGraw-Hill,1966.

[70] Chihara T S. An introduction to orthogonal polynomials[M]. Gordon and Breach:Science Publishers, Inc, 1978.

[71] Koekoek R, Swarttouw R F. The Askey-scheme of hypergeometric orthogonal polynomials and its q-analogue[M]. Delft: Delft University of Technology, 1996.

[72] Schoutens W. Stochastic processes and orthogonal polynomials[M].New York: Springer-Verlag, 2000.

[73] Timan A F. Theory of approximation of functions of a real variable[M].Oxford:Pergamon Press, 1963.

[74] Todd J. Introduction to the constructive theory of functions[M]. Basel: Birkhäuser Ver-

lag,1963.
- [75] Courant R,Hilbert D. Methods of mathematical physics[J]. Physics Today, 1962, 15(11):62-63.
- [76] Gottlieb D, Shu C W. On the Gibbs phenomenon and its resolution[J]. Siam Review, 1997, 39(4):644-668.
- [77] Funaro D. Polynomial approximation of differential equations[M]. Berlin Heidelberg: Springer, 1992.
- [78] Atkinson K, Han W. Theoretical numerical analysis[M]. Berlin: Springer-Verlag, 2005.
- [79] Hesthaven J S, Gottlieb S, Gottlieb D. Spectral methods for time-dependent problems[M]. Cambridge: Cambridge University Press, 2007.
- [80] Mathelin L, Hussaini M Y, Zang T A. A stochastic collocation algorithm for uncertainty analysis[R]. Hampton,VA:Tech. Rep. NASA/CR-2003-212153, NASA Langley Research Center, 2003.
- [81] Tatang M A, Pan W, Prinn R G, et al. An efficient method for parametric uncertainty analysis of numerical geophysical models[J]. Journal of Geophysical Research: Atmospheres, 1997, 102(D18): 21925-21932.
- [82] Babuška I, Nobile F, Tempone R. A stochastic collocation method for elliptic partial differential equations with random input data[J]. SIAM Journal on Numerical Analysis, 2007, 45(3): 1005-1034.
- [83] Xiu D, Hesthaven J S. High-order collocation methods for differential equations with random inputs[J]. SIAM Journal on Scientific Computing, 2005, 27(3): 1118-1139.
- [84] Agarwal N, Aluru N R. A domain adaptive stochastic collocation approach for analysis of MEMS under uncertainties[J]. Journal of Computational Physics, 2009, 228(20): 7662-7688.
- [85] Ma X, Zabaras N. An adaptive hierarchical sparse grid collocation algorithm for the solution of stochastic differential equations[J]. Journal of Computational Physics, 2009, 228(8): 3084-3113.
- [86] Nobile F, Tempone R, Webster C G. A sparse grid stochastic collocation method for partial differential equations with random input data[J]. SIAM Journal on Numerical Analysis, 2008, 46(5): 2309-2345.
- [87] Nobile F, Tempone R, Webster C G. An anisotropic sparse grid stochastic collocation method for partial differential equations with random input data[J]. SIAM Journal on Numerical Analysis, 2008, 46(5): 2411-2442.
- [88] Todor R A, Schwab C. Convergence rates for sparse chaos approximations of elliptic problems with stochastic coefficients[J]. IMA Journal of Numerical Analysis, 2007, 27(2): 232-261.
- [89] Frauenfelder P, Schwab C, Todor R A. Finite elements for elliptic problems with stochastic coefficients[J]. Computer Methods in Applied Mechanics and Engineering, 2005, 194(2-5): 205-228.
- [90] Foo J, Wan X, Karniadakis G E. The multi-element probabilistic collocation method (ME-

PCM): Error analysis and applications[J]. Journal of Computational Physics, 2008, 227(22): 9572-9595.

[91] Ganapathysubramanian B, Zabaras N. Sparse grid collocation schemes for stochastic natural convection problems[J]. Journal of Computational Physics, 2007, 225(1): 652-685.

[92] Xiu D. Efficient collocational approach for parametric uncertainty analysis[J]. Commun. Comput. Phys, 2007, 2(2): 293-309.

[93] Novak E, Ritter K. Simple cubature formulas with high polynomial exactness[J]. Constructive Approximation, 1999, 15(4): 499-522.

[94] Novak E, Ritter K. High dimensional integration of smooth functions over cubes[J]. Numerische Mathematik, 1996, 75(1): 79-97.

[95] Gerstner T, Griebel M. Numerical integration using sparse grids[J]. Numerical Algorithms, 1998, 18(3-4): 209.

[96] Barthelmann V, Novak E, Ritter K. High dimensional polynomial interpolation on sparse grids[J]. Advances in Computational Mathematics, 2000, 12(4): 273-288.

[97] Engels H. Numerical quadrature and cubature[M]. Pittsburgh:Academic Press Inc,1980.

[98] Smoljak S A. Quadrature and interpolation formulae on tensor products of certain function classes[J]. Dokl.akad.nauk Sssr, 1963, 4(5): 1042–1045.

[99] Wasilkowski G W, Wozniakowski H. Explicit cost bounds of algorithms for multivariate tensor product problems[J]. Journal of Complexity, 1995, 11(1): 1-56.

[100] Hou T Y, Luo W, Rozovskii B, et al. Wiener chaos expansions and numerical solutions of randomly forced equations of fluid mechanics[J]. Journal of Computational Physics, 2006, 216(2): 687-706.

[101] Knio O M, Le Maitre O P. Uncertainty propagation in CFD using polynomial chaos decomposition[J]. Fluid Dynamics Research, 2006, 38(9): 616-640.

[102] Knio O M, Najm H N, Ghanem R G. A stochastic projection method for fluid flow: I. basic formulation[J]. Journal of Computational Physics, 2001, 173(2): 481-511.

[103] Le Maître O P, Reagan M T, Najm H N, et al. A stochastic projection method for fluid flow[J]. Journal of Computational Physics, 2002, 181(1): 9-44.

[104] Lin G, Wan X, Su C H, et al. Stochastic computational fluid mechanics[J]. Computing in Science & Engineering, 2007, 9(2): 21-29.

[105] Xiu D, Em K G. Supersensitivity due to uncertain boundary conditions[J]. International Journal for Numerical Methods in Engineering, 2010, 61(12):2114-2138.

[106] Xiu D, Lucor D, Su C H, et al. Stochastic modeling of flow-structure interactions using generalized polynomial chaos[J]. Journal of Fluids Engineering, 2002, 124(1): 51-59.

[107] Chen Q Y, Gottlieb D, Hesthaven J S. Uncertainty analysis for the steady-state flows in a dual throat nozzle[J]. Journal of Computational Physics, 2005, 204(1):378-398.

[108] Gottlieb D, Xiu D. Galerkin method for wave equations with uncertain coefficients[J]. Com-

munications in Computational Physics, 2008, 3(2):505-518.

[109] Lin G, Su C H, Karniadakis G E. Predicting shock dynamics in the presence of uncertainties[J]. Journal of Computational Physics, 2006, 217(1):260-276.

[110] Acharjee S, Zabaras N. Uncertainty propagation in finite deformations—a spectral stochastic Lagrangian approach[J]. Computer Methods in Applied Mechanics & Engineering, 2006, 195(19): 2289-2312.

[111] Agarwal N, Aluru N R. A stochastic Lagrangian approach for geometrical uncertainties in electrostatics[J]. Journal of Computational Physics, 2007, 226(1):156-179.

[112] Ganapathysubramanian B, Zabaras N. Sparse grid collocation schemes for stochastic natural convection problems[J]. Journal of Computational Physics, 2007, 225(1): 652-685.

[113] Marzouk Y, Xiu D. A stochastic collocation approach to bayesian inference in inverse problems[J]. Communications in Computational Physics, 2009, 6(4):826-847.

[114] Marzouk Y M, Najm H N, Rahn L A. Stochastic spectral methods for efficient Bayesian solution of inverse problems[J]. Journal of Computational Physics, 2007, 224(2): 560-586.

[115] Wang J, Zabaras N. Using Bayesian statistics in the estimation of heat source in radiation[J]. International Journal of Heat and Mass Transfer, 2005, 48(1): 15-29.

[116] Sandu A, Sandu C, Ahmadian M. Modeling multibody systems with uncertainties. Part I: Theoretical and computational aspects[J]. Multibody System Dynamics, 2006, 15(4): 369-391.

[117] Sandu C, Sandu A, Ahmadian M. Modeling multibody systems with uncertainties. Part II: Numerical applications[J]. Multibody System Dynamics, 2006, 15(3): 241-262.

[118] Xiu D, Sherwin S J. Parametric uncertainty analysis of pulse wave propagation in a model of a human arterial network[J]. Journal of Computational Physics, 2007, 226(2): 1385-1407.

[119] Geneser S E, Kirby R M, Xiu D, et al. Stochastic Markovian modeling of electrophysiology of ion channels: reconstruction of standard deviations in macroscopic currents[J]. Journal of Theoretical Biology, 2007, 245(4): 627-637.

[120] Chauviere C, Hesthaven J S, Lurati L. Computational modeling of uncertainty in time-domain electromagnetics[J]. SIAM Journal on Scientific Computing, 2006, 28(2): 751-775.

[121] Chauvire C, Hesthaven J S, Wilcox L C. Efficient computation of RCS from scatterers of uncertain shapes[J]. IEEE Transactions on Antennas and Propagation, 2007, 55(5): 1437-1448.

[122] Xiu D, Shen J. Efficient stochastic Galerkin methods for random diffusion equations[J]. Journal of Computational Physics, 2009, 228(2): 266-281.

[123] Asokan B V, Zabaras N. A stochastic variational multiscale method for diffusion in heterogeneous random media[J]. Journal of Computational Physics, 2006, 218(2): 654-676.

[124] Shi J. A stochastic nonlocal model for materials with multiscale behavior[J]. International Journal for Multiscale Computational Engineering, 2006, 4(4):501-520.

[125] Xiu D, Kevrekidis I G, Ghanem R. An equation-free, multiscale approach to uncertainty

quantification[J]. Computing in Science & Engineering, 2005, 7(3): 16-23.

[126] Xiu D, Kevrekidis I G. Equation-free, multiscale computation for unsteady random diffusion[J]. Multiscale Modeling & Simulation, 2005, 4(3): 915-935.

[127] Xiu D, Tartakovsky D M. A two-scale nonperturbative approach to uncertainty analysis of diffusion in random composites[J]. Multiscale Modeling & Simulation, 2004, 2(4): 662-674.

[128] Doostan A, Ghanem R G, Red-Horse J. Stochastic model reduction for chaos representations[J]. Computer Methods in Applied Mechanics and Engineering, 2007, 196(37-40): 3951-3966.

[129] Ghanem R, Masri S, Pellissetti M, et al. Identification and prediction of stochastic dynamical systems in a polynomial chaos basis[J]. Computer Methods in Applied Mechanics and Engineering, 2005, 194(12-16): 1641-1654.

[130] Ghanem R G, Doostan A. On the construction and analysis of stochastic models: characterization and propagation of the errors associated with limited data[J]. Journal of Computational Physics, 2006, 217(1): 63-81.

[131] Canuto C, Kozubek T. A fictitious domain approach to the numerical solution of PDEs in stochastic domains[J]. Numerische Mathematik, 2007, 107(2):257-293.

[132] Lin G, Su C H, Karniadakis G E. Random roughness enhances lift in supersonic flow[J]. Physical review letters, 2007, 99(10): 104501.

[133] Tartakovsky D M, Xiu D. Stochastic analysis of transport in tubes with rough walls[J]. Journal of Computational Physics, 2006, 217(1):248-259.

[134] Xiu D, Tartakovsky D M. Numerical methods for differential equations in random domains[J]. SIAM Journal on Scientific Computing, 2006, 28(3): 1167-1185.

[135] Kalman R E. A new approach to linear filtering and prediction problems[J]. Journal of Basic Engineering, 1960, 82(1): 35-45.

[136] Kalman R E, Bucy R S. New results in linear prediction filtering theory[J]. Trans. AMSE J, 1961, 83(1).

[137] Applied optimal estimation[M]. Cambridge: MIT Press, 1974.

[138] Jazwinski, Andrew H. Stochastic processes and filtering theory[M]. SanDiego, California:Academic Press, 1970.

[139] Evensen G. Sequential data assimilation with a nonlinear quasi-geostrophic model using Monte Carlo methods to forecast error statistics[J]. Journal of Geophysical Research Oceans, 1994, 99(C5):10143-10162.

[140] Evensen G. Data assimilation: the ensemble Kalman filter[M]. New York: Springer-Verlag, 2006.

[141] Anderson J L. An ensemble adjustment Kalman filter for data assimilation[J]. Monthly Weather Review, 2001, 129(12): 2884-2903.

[142] Burgers G, Leeuwen P J V, Evensen G. Analysis scheme in the ensemble Kalman filter[J].

Monthly Weather Review, 1998, 126(6): 1719-1724.

[143] Whitaker J S, Hamill T M. Ensemble data assimilation without perturbed observations[J]. Monthly Weather Review, 2002, 130(7): 1913-1924.

[144] Anderson J L, Anderson S L. A Monte Carlo implementation of the nonlinear filtering problem to produce ensemble assimilations and forecasts[J]. Monthly Weather Review, 1999, 127(12): 2741-2758.

[145] Tippett M K, Anderson J L, Bishop C H, et al. Ensemble square root filters[J]. Monthly Weather Review, 2003, 131(7): 1485-1490.

[146] Hoeting J A, Madigan D, Raftery A E, et al. Bayesian model averaging: a tutorial[J]. Statistical Science, 1999: 382-401.

[147] Diks C G H, Vrugt J A. Comparison of point forecast accuracy of model averaging methods in hydrologic applications[J]. Stochastic Environmental Research and Risk Assessment, 2010, 24(6): 809-820.

[148] Raftery A E, Kárný M, Ettler P. Online prediction under model uncertainty via dynamic model averaging: application to a cold rolling mill[J]. Technometrics, 2010, 52(1): 52-66.

[149] Blom H A P. An efficient filter for abruptly changing systems[C]. Las Vegas, Nevada: 23th IEEE Conference on Decision and Control, 1984.

[150] Watanabe K, Tzafestas S G. Generalized pseudo-Bayes estimation and detection for abruptly changing systems[J]. Journal of Intelligent & Robotic Systems, 1993, 7(1):95-112.

[151] Narayan A, Marzouk Y, Xiu D. Sequential data assimilation with multiple models[J]. Journal of Computational Physics, 2012, 231(19):6401-6418.

[152] Rabier F. Overview of global data assimilation developments in numerical weather-prediction centres[J]. Quarterly Journal of the Royal Meteorological Society, 2005, 131(613): 3215-3233.

[153] Law K, Stuart A, Zygalakis K. Data assimilation: a mathematical introduction[M]. Berlin: Springer-Verlag, 2015.